콘크리트 실무매뉴얼 KCI PM105.2-13

PS 긴장재의 시공, 긴장관리 및 그라우팅

프리스트레스트콘크리트위원회

사단법인 한국콘크리트학회 Korea Concrete Institute

발간사

학회 본연의 가장 큰 역할은 해당 분야의 학문과 기술을 향상시킬 수 있도록 하는 것이라고 봅니다. 이러한 측면에서 우리 학회는 창립 이후 학회지, 논문집 등을 비롯하여 많은 문헌을 출간하여 왔으며, 이에 더하여 학회 20주년을 기념하여 보다 체계적인 참고문헌을 발간하기 위하여 '콘크리트실무지침편찬특별위원회'를 구성하여 전문서적 발간을 준비하였습니다.

이 특별위원회(위원장 김상식 명예회원)는 2009년에 처음으로 구성되어 많은 노력 끝에 2010년 말 처음으로 『해양 콘크리트의 염해 내구성 및 설계』, 『매스 콘크리트의 온도균열 제어』, 『고유동 콘크리트의 제조 및 시공』, 『콘크리트 구조물 이음의 설계 및 시공』, 『콘크리트 양생』 등 5권의 실무매뉴얼을 발간한 바 있습니다. 그 후 2011년 특별위원회는 학회 연구전문위원회의 도움을 받아 출판을 기획하여 『건축 포스트텐션 시스템』, 『PS 긴장재의 시공, 긴장관리 및 그라우팅』, 『콘크리트 장기거동 해석 및 적용』, 『폴리머 콘크리트 복합체의 제조 및 시공』, 『콘크리트 구조물의 방수기술』, 『레디믹스트 콘크리트 품질문제의 원인 및 대책』, 『콘크리트 제조, 운반 및 타설』 등 7개의 실무매뉴얼을 이번에 발간하게 되었습니다. 또한 2012년에 기획되어 현재 7개의 실무매뉴얼이 내년 초 발간 예정으로 준비하고 있습니다. 지난 번 발간사에서도 밝힌 바와 같이 이번 발간물도 마지막이 아니고 앞으로 계속 많은 실무매뉴얼이 발간될 예정이며, 이미 발간된 실무매뉴얼도 계속 수정해 나갈 것입니다. 아무쪼록 집필자들의 노력으로 발간된 각종 실무매뉴얼들이 회원과 독자 여러분에게 큰 도움이 되기를 바랍니다.

끝으로 지난 2년 동안 어려운 여건 속에서도 열심히 노력하시어 실무매뉴얼을 작성하여 주신 집필책임자 강현구 회원, 김지상 회원, 지광습 회원, 김완기 회원, 배기선 회원, 한천구 회원, 김순환 회원과 집필위원 여러분에게 감사드리며, 세심한 검토를 하여 주신 특별위원회 여러 위원님들에게도 감사드립니다.

2012. 12.
사단법인 한국콘크리트학회
콘크리트실무지침편찬특별위원회 위원장 김 진 근
학회 회장 (12대) 심 종 성

머리말

프리스트레스트 콘크리트(PSC)는 구조물의 사용 기간 중에 예상되는 단면력 또는 응력상태에 효과적으로 대처할 수 있도록 시공 중 긴장재를 이용하여 콘크리트에 미리 응력을 가하는 공법입니다. 일찍이 프랑스의 귀용(Guyon)은 "프리스트레스에 의해 해결할 수 없는 구조문제는 아마도 없을 것이다."라고 이야기한 바 있습니다. 이는 현실이 되어 현재 장대교량, 격납건물, 대공간 지붕구조 등 중요 토목·건축 콘크리트 구조물은 많은 부분이 PSC로 시공되고 있습니다. 이처럼 PSC의 사용이 활성화 됨에 따라 국내 실무자들은 PSC에 대한 체계적인 설계, 시공 및 유리관리 지침의 필요성을 느끼고 있지만 현재의 설계기준이나 시방서에서 이를 모두 다루지는 못하고 있는 실정입니다. 따라서 한국콘크리트학회 산하의 프리스트레스트콘크리트위원회에서는 이러한 실무자들의 애로사항을 반영하여 단계별로 실무매뉴얼을 편찬해 나가기로 하였습니다. 해외의 경우 미국에는 PCI(Prestressed/Precast Concrete Institute), 일본에는 JPCI(Japan Prestressed Concrete Institute)와 같이 PSC 관련 대규모 전문학회가 활동중이지만 아직까지 국내에는 이에 대응할 만한 전문학회가 없으므로, 현재로서는 프리스트레스트콘크리트위원회가 이러한 역할을 수행해야 할 것으로 생각됩니다.

PSC를 프리스트레스의 도입시점에 따라 프리텐셔닝 및 포스트텐셔닝 공법으로 구분할 때 국내의 많은 PSC 구조물들이 포스트텐셔닝 공법으로 시공되고 있습니다. 그러나 국내의 설계기준, 시방서 및 관련 지침 등에는 포스트텐셔닝 시스템의 시공 및 관리에 대한 실제적인 내용과 구체적인 적용 방법론이 부족한 실정이므로, 실무에서 포스트텐셔닝 부재 또는 구조물을 설계 및 시공할 때 필요한 정보를 추가적으로 제공해야 할 필요성이 있어 이 실무매뉴얼을 발간하게 되었습니다. PSC 관련 실무매뉴얼에서 다루면 바람직한 여러 가지 내용들이 있지만, 이 실무매뉴얼에서는 포스트텐셔닝 시스템 중에서도 PS 긴장재의 시공, 긴장관리 및 그라우팅을 중심으로 실무자들에게 도움이 될 만한 내용들을 정리하였습니다. 이 실무매뉴얼이 PSC 관련 실무기술자들에게 조금이나마 도움이 되길 바라며, 앞으로 추가 발간될 실무매뉴얼에서 다루면 바람직할 내용을 계속적으로 제안해 주시길 바랍니다.

바쁘신 중에도 흔쾌히 집필을 허락해주신 브이에스엘코리아 심별 박사, 컨택이앤씨 김기현 사장, 코비코리아 박인교 부장, 아주대학교 전세진 교수, 그리고 집필에 필요한 자료와 조언을 아끼지 않으신 우리 프리스트레스트콘크리트위원회의 모든 위원들, 실무지침편찬특별위원회를 맡으시어 많은 고견을 주신 김진근 전 학회장을 비롯한 검토 및 심의위원들께 감사의 말씀을 드립니다.

2012. 12.

프리스트레스트콘크리트위원회(KCI-105) 위원장 김 지 상

집필위원

집필책임자	김지상(서경대학교)
집 필 위 원	심별(브이에스엘코리아(주)), 김기현(컨텍이앤씨(주)), 박인교(코비코리아(주)) 전세진(아주대학교)

검토위원

검 토 위 원	김진근(KAIST), 서석구((주)서영엔지니어링), 박홍기((주)태조엔지니어링) 이광명(성균관대학교)

심의위원

위 원 장	최기봉(가천대학교)
위 원	김진근(KAIST), 노병철(상지대학교), 신영수(이화여자대학교), 이재연(목원대학교) 장일영(금오공과대학교), 정란(단국대학교), 최창식(한양대학교), 최연왕(세명대학교)

기획 / 실무지침편찬특별위원회

위 원 장	김진근(KAIST)
고 문	김상식(인하대학교), 정영수(중앙대학교), 정하선(KCI 공학연구소)
간 사	배수호(안동대학교)
위 원	김대중(삼성물산(주)건설부문), 김은겸(서울과학기술대학교) 김종호((주)창민우컨설탄트), 박홍근(서울대학교), 박홍기((주)태조엔지니어링) 서석구((주)서영엔지니어링), 신현목(성균관대학교), 연규석(강원대학교) 이광명(성균관대학교), 이왕희(현대산업개발(주)), 이재연(목원대학교) 정광량((주)동양구조안전기술), 최동욱(한경대학교), 한천구(청주대학교)

차 례

04장 그라우트 시공

제 1 장

서론

프리스트레스트 콘크리트(PSC : Prestressed concrete)는 구조물 또는 부재의 사용 기간 중에 예상되는 단면력 또는 응력상태에 효과적으로 대처할 수 있도록 시공 중 긴장재(PS 강재, 프리스트레싱 텐던)를 이용하여 콘크리트에 미리 응력을 가하는 공법으로, 프리스트레스의 도입시점에 따라 프리텐셔닝(pretensioning) 및 포스트텐셔닝(post-tensioning) 공법으로 구분된다. 이 중 포스트텐셔닝 공법은 긴장재와 콘크리트의 부착 여부에 따라 부착(bonded) 및 비부착(unbonded) 공법으로 구분되며, 긴장재의 위치가 부재 내부인지 외부인지에 따라 내부 프리스트레싱(internal prestressing)과 외부 프리스트레싱(external prestressing)으로 구분되기도 한다.

포스트텐셔닝 시스템은 PS 긴장재, 단부 정착장치, 덕트 등으로 구성되며, 우리나라의 경우 많은 프리스트레스트 콘크리트 구조물이 포스트텐셔닝 공법으로 시공되고 있다. 대표적인 예로, PSC 거더교를 구성하는 주요 부재인 PSC 거더의 경우 국내에서는 포스트텐셔닝 공법으로 제작되는 반면에 미국에서는 대부분 프리텐셔닝 공법으로 제작되고 있다. 한편 국내에서 포스트텐셔닝 공법으로 시공되는 구조물 중 위에서 예를 든 PSC 거더를 비롯한 PSC 교량, LNG 저장탱크 등은 내부 프리스트레싱 공법에서 그라우팅 작업을 통해 덕트를 채움으로써 덕트와 주변 콘크리트를 일체화시키는 부착 긴장재를 사용하는 공법이 지배적인 반면, 원자력발전소 격납건물의 경우에는 대부분 비부착 긴장재를 사용하고 있다.

이와 같이 포스트텐셔닝 시스템을 적용한 PSC 구조물의 설계 및 시공이 일반화되어 있음에도 불구하고 우리나라의 설계기준, 시방서 및 관련 지침 등에는 포스트텐셔닝 시스템의 시공 및 관리에 대한 실제적인 내용과 구체적인 적용 방법이 부족한 실정이므로, 국내에서 주로 사용하는 포스트텐셔닝 시스템 중에서도 PS 긴장재의 시공, 긴장관리 및 그라우팅을 중심으로 내용들을 정리하였다.

먼저 제2장에서는 우리나라에서 많이 사용되고 있는 강선, 강연선 및 강봉 등 PS 긴장재의 종류와 규격을 정리하였다. 또한 우리나라에서 사용되고 있는 강재 덕트의 재료적 품질기준을 중심으로 덕트의 특성에 관한 내용을 서술하였으며, 프리스트레스의 도입 위치 및 사용 긴장재의 종류에 따라 적용되는 다양한 긴장공법을 소개하였고, 긴장 장비의 검교정방법에 관한 내용도 포함하였다. 제3장에서는 국내외의 관련 기준에 제시된 PS 긴장재의 긴장관리방법에 관한 내용을 기술하였다. 즉, 콘크리트표준시방서 및 도로공사표준시방서에 제시된 국내 사례를 분석하였으며, Eurocode, AASHTO LRFD Bridge construction specifications, ACI 318 및 일본 기준에 제시된 해외 사례를 정리하였다. 또한 그간 실무에서 사용되어 온 긴장관리 기법을 개선할 수 있는 방안을 제시하고, 이를 현장에 적용하는 방법을 기술하였으며, 현업에서 관심이 많은 마찰계수값의 적정성에 대해서 국내외의 기준들을 예로 들며 논의하였다. 제4장은 부착 긴장재를 구현하기 위한 그라우트 시공에 관한 내용으로, 그라우트 재료, 그라우트 시험, 그라우팅 장비 및 시공절차에 관한 내용을 정리하였으며, 효율적인 그라우트 시공과 관련하여 덕트의 배치, 종류, 보호 및 설치방법 등에 대한 내용도 함께 다루었다.

제 2 장 포스트텐셔닝 시스템

포스트텐셔닝 시스템(post-tensioning system)에서 사용하는 긴장재의 종류는 크게 PS 강선, PS 강연선 및 PS 강봉으로 구분할 수 있다. 이 시스템은 긴장재, 단부 정착장치, 덕트 및 그라우트 재료로 구성되며 각 업체의 시스템마다 고유한 긴장방법 및 긴장장치를 가지고 있다. 이 장에서는 포스트텐셔닝 시스템 중 설계자 및 시공자가 고려해야 할 중요 사항인 PS 긴장재, 덕트 등의 재료적 특징에 대하여 기술하고 또한 프리스트레스의 도입 위치 및 적용 긴장재에 따른 다양한 긴장공법의 특징을 기술하였다.

2.1 긴장재

긴장재는 PS(prestressing) 긴장재, PS 강재, 프리스트레싱 텐던(prestressing tendon), 텐던 등 여러 가지 용어로 사용되고 있지만 여기에서는 주로 긴장재라는 용어를 사용하기로 한다.

2.1.1 PS 강선 및 강연선

긴장재 중에서 PS 강선은 지름 2.9~9mm 정도의 원형강선을 말한다. KS D 7002에서는 PS 강선을 원형 PS 강선과 이형 PS 강선으로 구분하고 있으나, 보통 PS 강선이라고 하면 원형 PS 강선을 말한다. PS 강선은 하나 또는 여러 개를 한 다발로 해서 긴장재를 구성하며, 프리텐션 시스템에도 쓰이고 포스트텐션 시스템에도 쓰인다.

PS 강연선은 2개의 소선을 꽈배기 모양으로 꼰 2연선과 한 개의 소선 둘레에 6개의 소선을 꼬아 만든 7연선이 많이 사용되고 있다. 7연선의 중심에 두는 소선을 심선, 둘레에 두는 6개의 소선을 측선이라고 하며 심선은 측선보다 지름이 약간 큰 것을 사용한다. 그 밖에 철도 프리캐스트 침목에 사용되고 있는 3연선, 19연선 등도 있다.

또한 최근에는 콘크리트의 고강도화 추세에 부합하도록 단면 효율성 극대화를 위해 보강재 또한 고강도화하려는 연구가 활발히 이루어지고 있으며, 이의 일환으로 고강도 강연선이 개발되어 현재 인장강도 2,160 N/mm^2(C종 : SWPC7CL) 및 2,400 N/mm^2(D종 : SWPC7DL)의 강연선이 KS 규정에 추가되어 실제 구조물에 반영되기 시작했다.

PS 강선의 종류와 역학적 특성은 각각 다음 표 2.1과 표 2.2에 나타내었다.

표 2.1 **PS 강선 및 강연선의 종류 및 기호**

종류			기호
PS 강선	원형선	A종	SWPC1AN, SWPC1AL
		B종	SWPC1BN, SWPC1BL
	이형선		SWPD1N, SWPD1L
PS 강연선	2연선		SWPC2N, SWPC2L
	이형 3연선		SWPD3N, SWPD3L
	7연선	A종	SWPC7AN, SWPC7AL
		B종	SWPC7BN, SWPC7BL
		C종	SWPC7CL
		D종	SWPC7DL
	19연선		SWPC19N, SWPC19L

(1) 원형선 B종은 A종보다 인장강도가 100 N/mm^2 높은 종류를 나타낸다.
(2) 7연선 A종은 인장강도 1,720 N/mm^{2}급, B종은 1,860 N/mm^{2}급, C종은 2,160 N/mm^{2}급, D종은 2,400 N/mm^{2}급을 나타낸다.
(3) 릴랙세이션 표준값에 따라 보통선은 N, 낮은 선은 L의 기호를 끝에 붙인다.
(4) 19연선에서 단면이 28.6mm인 것은 실형(seal type)이나 워링턴형 (Warrington type)으로 하고 그 외의 19연선 단면은 실형으로 한다.

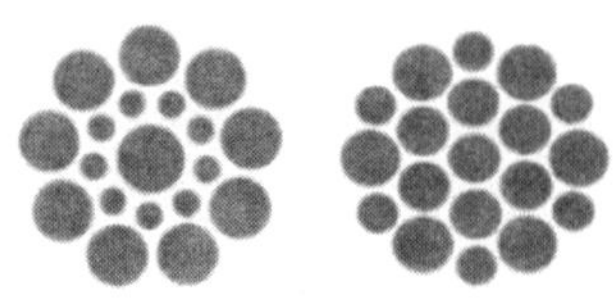

실형 워링턴형

표 2.2 PS 강선 및 강연선의 기계적 성질

기호	호칭	0.2% 영구 연신율에 대한 하중 (kN)	인장하중 (kN)	연신율 (%)	릴랙세이션값 (%)	
					N	L
SWPC1AN SWPC1AL SWPD1N SWPD1L	(2.9mm)	11.3 이상	12.7 이상	3.5 이상	8.0 이하	2.5 이하
	(3.5mm)	14.2 이상	16.2 이상	3.5 이상	8.0 이하	2.5 이하
	(4mm)	18.6 이상	21.1 이상	3.5 이상	8.0 이하	2.5 이하
	(4.5mm)	22.6 이상	25.5 이상	4.0 이상	8.0 이하	2.5 이하
	5mm	27.9 이상	31.9 이상	4.0 이상	8.0 이하	2.5 이하
	(6mm)	38.7 이상	44.1 이상	4.0 이상	8.0 이하	2.5 이하
	7mm	51.0 이상	58.3 이상	4.5 이상	8.0 이하	2.5 이하
	8mm	64.2 이상	74.0 이상	4.5 이상	8.0 이하	2.5 이하
	9mm	78.0 이상	90.2 이상	4.5 이상	8.0 이하	2.5 이하
SWPC1BN SWPC1BL	5mm	29.9 이상	33.8 이상	4.0 이상	8.0 이하	2.5 이하
	7mm	54.9 이상	62.3 이상	4.5 이상	8.0 이하	2.5 이하
	8mm	69.1 이상	78.9 이상	4.5 이상	8.0 이하	2.5 이하
SWPC2N SWPC2L	2연선 2.9mm	22.6 이상	25.5 이상	3.5 이상	8.0 이하	2.5 이하
SWPD3N SWPD3L	3연선 2.9mm	33.8 이상	38.2 이상	3.5 이상	8.0 이하	2.5 이하
SWPC7AN SWPC7AL	(7연선 6.2mm)	33.8 이상	40.2 이상	3.5 이상	8.0 이하	2.5 이하
	(7연선 7.9mm)	54.9 이상	64.7 이상	3.5 이상	8.0 이하	2.5 이하
	7연선 9.3mm	75.5 이상	88.8 이상	3.5 이상	8.0 이하	2.5 이하
	7연선 10.8mm	102 이상	120 이상	3.5 이상	8.0 이하	2.5 이하
	7연선 12.4mm	136 이상	160 이상	3.5 이상	8.0 이하	2.5 이하
	7연선 15.2mm	204 이상	240 이상	3.5 이상	8.0 이하	2.5 이하
SWPC7BN SWPC7BL	7연선 9.5mm	86.8 이상	102 이상	3.5 이상	8.0 이하	2.5 이하
	7연선 11.1mm	118 이상	138 이상	3.5 이상	8.0 이하	2.5 이하
	7연선 12.7mm	156 이상	183 이상	3.5 이상	8.0 이하	2.5 이하
	7연선 15.2mm	222 이상	261 이상	3.5 이상	8.0 이하	2.5 이하
SWPC7CL	7연선 12.7mm	182 이상	214 이상	3.5 이상	–	2.5 이하
	7연선 15.2mm	255 이상	300 이상	3.5 이상	–	2.5 이하
SWPC7DL	7연선 12.7mm	202 이상	237 이상	3.5 이상	8.0 이하	2.5 이하
	7연선 15.2mm	283 이상	333 이상	3.5 이상	8.0 이하	2.5 이하
SWPC19N SWPC19L	19연선 17.8mm	330 이상	387 이상	3.5 이상	8.0 이하	2.5 이하
	19연선 19.3mm	387 이상	451 이상	3.5 이상	8.0 이하	2.5 이하
	19연선 20.3mm	422 이상	495 이상	3.5 이상	8.0 이하	2.5 이하
	19연선 21.8mm	495 이상	573 이상	3.5 이상	8.0 이하	2.5 이하
	19연선 28.6mm	807 이상	949 이상	3.5 이상	8.0 이하	2.5 이하

2.1.2 PS 강봉

PS 강봉은 주로 포스트텐션 시스템에 사용되며 원형 강봉 또는 이형 강봉의 형상을 가지며 일반적으로 19~35mm 직경을 사용하고 있으나, 최근에는 사장교의 주탑과 같이 큰 인장력이 필요한 구간에는 직경 65mm 이상의 이형 강봉을 사용하고 있다.

PS 강봉은 PS 강선이나 PS 강연선보다 릴랙세이션이 작은 이점이 있으나, 지름이 크기 때문에 구부림 가공을 하면 그 부분의 품질이 저하되는 비율이 크다. 또한 정착부에서 PS 강봉과 정착면이 직각을 이루지 않거나 접속장치로 이은 PS 강봉이 일직선으로 되지 않거나 할 경우에는 PS 강봉(특히 나사부)에 국부적인 휨이 작용하여 PS 강봉이 응력부식이나 지연파괴를 일으켜 나중에는 파단될 염려가 있다.

PS 강봉에 대한 국내 KS 규격과 미국의 ASTM 규격의 내용을 요약하면 다음과 같다.

1) KS D 3505

KS D 3505에 규정된 원형 PS 강봉 및 이형 PS 강봉의 종류와 기계적 성질은 다음 표 2.3 및 표 2.4와 같다.

표 2.3 **PS 강봉의 종류 및 기호**

종류			기호
원형 봉강	A종	2호	SBPR 785/1030
	B종	1호	SBPR 930/1080
		2호	SBPR 930/1180
	C종	1호	SBPR 1080/1230
이형 봉강	B종	1호	SBPD 930/1080
	C종	1호	SBPD 1080/1230
	D종	1호	SBPD 1275/1420

표 2.4 PS 강봉의 기계적 성질

기호	0.2% 항복강도 (N/mm^2)	인장강도 (N/mm^2)	연신율 (%)	릴랙세이션값 (%)
SBPR 785/1030	785 이상	1,030 이상	5 이상	4.0 이하
SBPR 930/1080	930 이상	1,080 이상	5 이상	4.0 이하
SBPR 930/1180	930 이상	1,180 이상	5 이상	4.0 이하
SBPR 1080/1230	1,080 이상	1,230 이상	5 이상	4.0 이하
SBPD 930/1080	930 이상	1,080 이상	5 이상	1.5 이하
SBPD 1080/1230	1,080 이상	1,230 이상	5 이상	1.5 이하
SBPD 1275/1420	1,275 이상	1,420 이상	5 이상	1.5 이하

2) ASTM(A722/A722M-07)

강봉의 표준 형상은 아래 표 2.5와 표 2.6에 나타낸 바와 같고 기계적 성질은 다음과 같이 규정하고 있다.

(a) PS 강봉의 최소 인장강도는 1,035MPa(150,000psi)이어야 한다.

(b) PS 원형 강봉 및 PS 이형 강봉의 최소 항복강도는 PS 강봉의 최소 인장강도의 각각 85%와 80%가 되어야 한다. 항복강도는 응력-변형률 곡선에서 변형률이 0.7%에 해당하는 값으로 하거나(load method), 변형률 0.2%에서 기울기와 나란하게 그어 만나는 값으로 한다(offset method).

표 2.5 PS 원형 강봉

직경		단위중량		단위면적	
mm	in.	kg/m	lb/ft	mm^2	in.^{2}
19	3/4	2.23	1.50	284	0.44
22	7/8	3.04	2.04	387	0.60
25	1	3.97	2.67	503	0.78
29	1 1/8	5.03	3.38	639	0.99
32	1 1/4	6.21	4.17	794	1.23
35	1 3/8	7.52	5.05	955	1.48

표 2.6 PS 이형 강봉

직경		단위중량		단위면적	
mm	in.	kg/m	lb/ft	mm^2	$in.^2$
15	5/8	1.46	0.98	181	0.28
20	3/4	2.22	1.49	271	0.425
26	1	4.48	3.01	548	0.85
32	1 1/4	6.54	4.39	806	1.25
36	1 3/8	8.28	5.56	1019	1.58
46	1 3/4	13.54	9.10	1664	2.58
65	2 1/2	27.10	18.20	3331	5.16

2.1.3 기타 PS 긴장재

콘크리트의 보강재에는 강재가 사용되는 것이 일반적이다. 그러나 해양환경에 시공되는 구조물과 동결방지제를 다량으로 살포하는 구조물에는 강재부식에 의한 염해문제가 발생하는 경우가 있다.

염해대책에는 충분한 피복을 확보하고 콘크리트 표면도장 외에 철근을 에폭시수지도막 철근으로 대체하는 방법, PS 긴장재의 경우에는 내부식성이 있는 긴장재를 사용하는 방법 등이 있다. 내부식성이 있는 PS 긴장재에는 FRP 보강재, 스테인리스계 PS 긴장재, 표면을 방식처리한 에폭시수지도막 PS 긴장재, 아연도금 PS 긴장재 등이 있다. 표면을 방식처리한 PS 긴장재의 경우에는 부착상태, 부착강도, 포스트텐션 방식에 사용하는 경우에는 정착시스템 등에 다소의 차이가 있지만, 기본적으로 재료 자체는 일반적인 PS 긴장재와 동일하다.

1) 섬유보강재(FRP 보강재)

FRP(Fiber Reinforced Polymer)란 보강섬유(reinforcing fiber)와 결합재(binder 또는 matrix)를 조합시킨 복합재료로서 보강섬유에는 주로 연속섬유가 사용되며 종류에는 탄소섬유, 아라미드섬유, 비닐섬유, 유리섬유 등의 소재가 있다. 결합재는 보강섬유를 제자리에 고정시켜 구조적인 형상을 이루도록 하며, 섬유 사이의 응력전달 및 외부환경에 대하여 보강섬유를 보호하는 역할을 한다. 이러한 보강섬유와 결합재를 조합시킨 연속섬유보강재의 특징은 아래와 같다.

(a) FRP 보강재의 인장강도는 섬유 및 매트릭스에 따라 상이하므로, 고강도의 보강재는 PS 긴장재와 동등한 정도 이상의 강도를 가진 것도 있다. 단, 일반적으로 전단강도 및 압축강도는 PS 긴장재보다 작다.

(b) 탄성계수는 섬유의 종류에 따라 다르며, 탄소섬유는 PS 긴장재의 1/5~4배 정도, 아라미드섬유는 1/3~1배 정도, 유리섬유는 1/3~1/2배 정도이다.

(c) 자성(磁性)을 띠지 않는다.

(d) 신축능력이 PS 긴장재보다 1~4% 적다.

(e) 응력-변형률 관계는 파단에 도달할 때까지 직선이다.

(f) 경량이며, 시공할 때 공사비 절감을 도모할 수 있다.

(g) 탄소섬유는 전단강도가 작기 때문에 굴절부를 시공할 때 충분한 주의가 필요하다.

2) 스테인리스계 PS 긴장재

스테인리스계 PS 긴장재는 자성을 띠지 않은 재료로 개발된 것이며 높은 내식성을 보유하고 있다. 인장강도와 신장의 특성은 PS 긴장재보다 다소 작지만, 이외의 다른 역학적 특성은 통상의 PS 긴장재와 크게 다르지 않다.

또한 철근 및 다른 강재와 접촉되는 경우에는 양자의 이온화 경향의 차이에 의해 강재에 전기부식이 발생할 가능성이 있기 때문에 사용부위에 있어서 주의가 필요하다.

3) PS 긴장재를 표면처리하는 긴장재

(1) 에폭시수지도막 PS 긴장재

(a) 에폭시수지도막 PS 긴장재에는 크게 두 가지 종류가 있으며 그 형태는 그림 2.1과 같다.

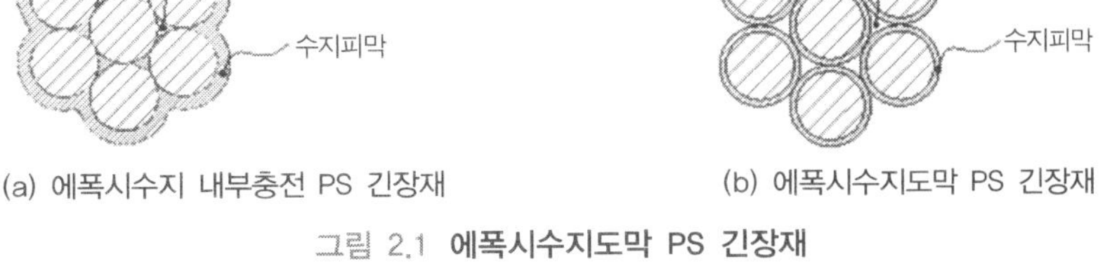

(a) 에폭시수지 내부충전 PS 긴장재　　(b) 에폭시수지도막 PS 긴장재

그림 2.1 에폭시수지도막 PS 긴장재

(b) 한국산업규격(KS)은 에폭시수지 내부충전 PS 긴장재에 대하여 규정되어 있으며, 에폭시수지도막 PS 긴장재는 일본에서 개발되어 적용되고 있는 형태이다.

(c) 에폭시수지도막 PS 긴장재의 역학적 특성은 통상의 PS 긴장재와 동등하다.

(d) 수지는 자외선에 취약하기 때문에 장기간 직접 일광에 노출되지 않도록 주의해야 하며, 또한 수지의 손상이 없도록 시공 시 취급에 주의해야 한다.

(e) KS D ISO 14655에 규정된 에폭시수지도막 PS 긴장재의 특성은 표 2.7과 같다.

표 2.7 **에폭시수지도막 PS 긴장재의 특성**

강연선 형식 지름 (1) (mm)	공칭 강연선 지름 (1) (mm)	공칭 인장강도 (1),(2) (N/mm^2)	공칭 단면적 (2) (mm^2)	단위길이당 질량 공칭 (g/m)	단위길이당 질량 허용차 (%)	특성 최대하중 (2),(3),(4) (kN)	특성 0.1% 항복하중 (3),(4),(5) (kN)	특성 0.2% 항복하중 (4),(5) (kN)
2-와이어 2×2.90	5.8	1,910	13.2	104	+4 −2 (모든 강연선에 적용)	25.2	21.4	22.3
3-와이어 3×2.4	5.2	1,770	13.6	107		24.0	20.4	21.1
		1,960				26.7	22.7	23.5
3×2.90	6.2	1,910	19.8	155		37.8	32.1	33.2
3×3.50	7.5	1,770	29.0	228		51.2	43.5	45.0
		1,860				54.0	45.9	47.0
7-평와이어	9.3	1,720	51.6	405		88.8	72.8	75.4
	9.5	1,860	54.8	432		102	83.6	86.6
	10.8	1,720	69.7	546		120	98.4	102
	11.1	1,860	74.2	580		138	113	117
	12.4	1,720	92.9	729		160	131	136
	12.7	1,860	98.7	774		184	151	156
	15.2	1,720	139	1,101		239	196	203
	15.2	1,860	139	1,101		259	212	220
7-결속 와이어	12.7	1,860	112	890		209	178	184
	15.2	1,820	165	1,295		300	255	264
	18.0	1,700	223	1,750		380	323	334
19-와이어	17.8	1,860	208	1,652		387	317	329
	19.3	1,860	244	1,931		454	372	386
	20.3	1,810	271	2,149		491	403	417
	21.8	1,810	313	2,482		567	465	482

(1) 강연선 형식, 공칭 지름 및 공칭 인장강도는 단지 명칭을 위한 것이다.
(2) 공칭 인장강도는 공칭 단면적과 규정된 최대 특성 하중으로 구한다.
(3) 단 1회의 실험결과라도 규정된 특성값의 95%보다 작아서는 안 된다.
(4) 단위길이당 질량 허용값이 작은 것을 고려하여 응력보다는 특성 하중으로 규정하였다.
(5) 0.1% 항복하중은 필수사항이고 0.2% 항복하중은 참고사항이다. 강연선의 최대 특성 하중의 70%를 초기에 가해서 1,000시간 후 4% 미만의 하중감소를 나타내야 한다.

(2) 아연도금 PS 긴장재

아연도금 PS 긴장재는 PS 강재에 아연도금을 실시한 것이다. 강재의 보호작용만이 아니라 피복의 손상과 결함이 발생하는 경우에 양극 특성에 의해 강재의 부식을 방지하는 기능도 가지고 있다. 아연도금 강재를 콘크리트 내부에 직접 사용하는 경우에는 강알칼리 중의 아연피복의 안정성 등을 사전에 검사할 필요가 있다. 또한 최근에는 단독처리방법보다는 이중방청을 사용하며 사장교의 사재로 사용한 실적이 많다.

KS D 7063에 규정된 아연도금 강선의 종류와 특성은 다음 표 2.8과 같다.

표 2.8 **아연도금 PS 긴장재의 종류 및 기호**

종류	기호	적용 선지름 (mm)
아연도금 강선 (F)	SWGF-1	0.80 이상, 6.00 이하
	SWGF-2	
	SWGF-3	
	SWGF-4	
	SWGF-5	
	SWGF-6	
아연도금 강선 (D)	SWGD-1	0.29 이상, 6.00 이하
	SWGD-2	
	SWGD-3	

표 2.9 아연도금 PS 긴장재의 특성

<table>
<tr><th rowspan="2">선지름
(mm)</th><th colspan="5">인장강도(N/mm²)</th><th>연신율</th><th colspan="2">비틀림 횟수</th></tr>
<tr><th>SWGF-1
SWGF-2
SWGF-3</th><th>SWGF-4
SWGF-5
SWGF-6</th><th>SWGD-1</th><th>SWGD-2</th><th>SWGD-3</th><th>SWGF-1
SWGF-2
SWGF-3
SWGF-4
SWGF-5
SWGF-6</th><th>SWGF-1
SWGF-2
SWGF-3
SWGF-4
SWGF-5
SWGF-6</th><th>SWGD-1
SWGD-2
SWGD-3</th></tr>
<tr><td>0.29~0.45</td><td rowspan="3">–</td><td rowspan="3">–</td><td>1,670~1,960</td><td>1,960~2,260</td><td>2,260~2,550</td><td rowspan="3">–</td><td rowspan="3">–</td><td rowspan="9">20 이상</td></tr>
<tr><td>0.45~0.60</td><td>1,570~1,860</td><td>1,860~2,160</td><td>2,160~2,450</td></tr>
<tr><td>0.60~0.80</td><td rowspan="2">1,520~1,770</td><td>1,770~2,060</td><td>2,060~2,350</td></tr>
<tr><td>0.80~1.00</td><td rowspan="9">880 이상</td><td rowspan="17">1,230
이상</td><td>1,770~2,010</td><td>2,010~2,260</td><td rowspan="4">2.0 이상</td><td rowspan="4">18 이상</td></tr>
<tr><td>1.00~1.20</td><td>1,470~1,720</td><td>1,720~1,960</td><td>1,960~2,210</td></tr>
<tr><td>1.20~1.40</td><td>1,420~1,670</td><td>1,670~1,910</td><td>1,910~2,160</td></tr>
<tr><td>1.40~1.60</td><td>1,370~1,620</td><td>1,620~1,860</td><td>1,860~2,110</td></tr>
<tr><td>1.60~1.80</td><td>1,320~1,570</td><td>1,570~1,810</td><td>1,810~2,060</td><td rowspan="7">3.0 이상</td><td rowspan="2">16 이상</td></tr>
<tr><td>1.80~2.00</td><td>1,270~1,520</td><td>1,520~1,770</td><td>1,770~2,010</td></tr>
<tr><td>2.00~2.30</td><td>1,270~1,470</td><td>1,470~1,720</td><td>1,720~1,960</td><td rowspan="5">14 이상</td><td rowspan="5">15 이상</td></tr>
<tr><td>2.30~2.60</td><td rowspan="2">1,230~1,420</td><td rowspan="2">1,420~1,670</td><td rowspan="2">1,670~1,910</td></tr>
<tr><td>2.60~2.90</td></tr>
<tr><td>2.90~3.20</td><td rowspan="2">830 이상</td><td rowspan="4">1,180~1,370</td><td>1,370~1,620</td><td>1,620~1,860</td></tr>
<tr><td>3.20~3.50</td><td rowspan="3">1,370~1,570</td><td>1,570~1,810</td></tr>
<tr><td>3.50~4.00</td><td rowspan="5">780 이상</td><td rowspan="2">1,570~1,770</td><td rowspan="5">–</td><td rowspan="3">10 이상</td><td rowspan="5">10 이상</td></tr>
<tr><td>4.00~4.50</td></tr>
<tr><td>4.50~5.00</td><td rowspan="2">1,130~1,320</td><td rowspan="2">1,320~1,520</td><td rowspan="2">1,520~1,720</td></tr>
<tr><td>5.00~5.50</td><td rowspan="2">8 이상</td></tr>
<tr><td>5.50~6.00</td><td>1,080~1,270</td><td>1,270~1,470</td><td>1,470~1,670</td></tr>
</table>

2.2 그라우팅재

그라우팅재 또는 그라우트 재료에 대해서는 4.2절에서 상세하게 다루게 되므로 이를 참조하도록 한다.

2.3 덕트

덕트(duct)는 긴장재의 종류나 적용성에 따라 여러 형태로 사용할 수 있다. 원래 덕트는 콘크리트 타설 후 긴장재가 통과하기 위하여 타설할 때 미리 매입하고 긴장재의 부식을 방지하는 역할을 하는 것으로 간주되었다. 그러나 그라우팅된 긴장재에서도 공극이 발견되므로 현재는 덕트의 부식방지, 연속성 및 품질에 중점을 두어 관리하고 있다. 이러한 문제점을 해결하기 위하여 고밀도 플라스틱 덕트도 사용하고 있으나, 유사한 문제점이 계속 발생하고 있으므로 그 필요성 및 조건에 따라 다음과 같은 사항이 적절히 적용될 것을 권고한다.

2.3.1 덕트의 크기

우리나라에서는 아직 덕트의 크기에 대한 기준 및 규정은 제정되어 있지 않은 상태이며 아연도금 강판으로 제작된 강재 덕트를 주로 사용하고 있으나, 국내 실정에 맞는 기준이 마련되지 않아 이에 대한 기준의 제정이 시급한 상태이다.

표 2.10은 국내 제조업체에서 통상적으로 제작하고 있는 강재 덕트의 직경 및 강판의 제작 두께를 예시한 것이다.

표 2.10 **국내 강재 덕트의 직경별 강판 두께(예)**

덕트 내경(mm)	강판 두께(mm)
50	0.25
65	0.25
75	0.25
80	0.28
90	0.28
100	0.28

2.3.2 우리나라 강재 덕트의 품질기준

국내에는 포스트텐션용 덕트에 대한 별도 기준이 마련되어 있지 않으며, 다만 덕트의 재료적인 품질기준은 KS D 3506 "용융 아연도금 강판 및 강대"의 규정을 준용하고 있는 실정이다.

1) 항복점, 인장강도, 연신율 및 비시효성

판 및 코일의 항복점, 인장강도, 연신율 및 비시효성(냉연 원판을 사용한 경우에만 해당)은 인장 시험에 의하여 측정하며, 요구되는 특성은 표 2.11과 같다.

표 2.11 **강재 덕트의 항복점, 인장강도, 연신율 및 비시효성**

종류별 기호	항복점 (N/mm^2)	인장강도 (N/mm^2)	연신율 (%)						시험편 및 방향
			두께 (mm)						
			0.25~0.40	0.40~0.60	0.60~1.00	1.0~1.6	1.6~2.5	2.5 이상	
SGCC	–	–	–	–	–	–	–	–	5호압연 방향
SGCH	–	–	–	–	–	–	–	–	
SGCD1	–	270 이상	–	34 이상	36 이상	37 이상	38 이상	–	
SGCD2	–	270 이상	–	36 이상	38 이상	39 이상	4 이상	–	
SGCD3	–	270 이상	–	38 이상	40 이상	41 이상	42 이상	–	
SGC340	245 이상	340 이상	20 이상	20 이상	20 이상	20 이상	20 이상	20 이상	
SGC400	295 이상	400 이상	18 이상	18 이상	18 이상	18 이상	18 이상	18 이상	
SGC440	355 이상	440 이상	18 이상	18 이상	18 이상	18 이상	18 이상	18 이상	
SGC490	365 이상	490 이상	16 이상	16 이상	16 이상	16 이상	16 이상	16 이상	
SGC570	560 이상	570 이상	–	–	–	–	–	–	

(1) SGCD3의 판 및 코일에서 비시효성의 지정이 있을 때는 제조공장 출하 후 6개월간 비시효성을 보증해야 한다. 비시효성이란 가공할 때 연신 변형이 일어나지 않는 성질을 의미한다.
(2) 표시 두께 0.25 mm 미만에서는 원칙적으로 인장 시험을 실시하지 않는다.
(3) SGCC는 일반적으로 항복점 205 N/mm^2 이상, 인장강도 270 N/mm^2 이상이다.
(4) SGCH는 어닐링을 하지 않은 재료로서 일반적으로 로크웰 경도 HRB85 이상 또는 비커스 경도 HV170 이상 (시험하중은 임의)이다.

2) 굽힘성 품질기준

판 및 코일의 굽힘성 기준으로 굽힘 시험을 실시했을 때, 그 바깥쪽 표면(시험편 너비의 양끝에서 각각 7mm 이상 안쪽부분)의 도금이 벗겨지거나 또는 바탕에 균열(육안으로 확인되는 것)과 파열이 발생해서는 안 된다.

표 2.12 **굽힘성 품질기준**

종류별 기호		굽힘 각도 180°								
		표시두께 1.6mm 미만			표시두께 1.6~3.0mm			표시두께 3.0mm 이상		
열연원판	냉연원판	Z27 이하	Z35	Z45, Z260	Z27 이하	Z35	Z45, Z260	Z27 이하	Z35	Z45, Z260
SGCH	SGCC	1	1	2	1	2	2	2	2	2
–	SGCH	–	–	–	–	–	–	–	–	–
–	SGCD1	1	–	–	1	–	–	–	–	–
–	SGCD2 SGCD3	0	–	–	0	–	–	–	–	–
SGH340	SGC340	1	1	2	1	1	3	3	3	3
SGH400	SGC400	2	2	2	2	2	3	3	3	3
SGH440 SGH490S GH540	SGC440 SGC490	3	3	3	3	3	3	3	3	3
–	SGC570	–	–	–	–	–	–	–	–	–

(1) 열연 원판을 사용했을 때는 표시두께 1.2mm 이상에 대하여 적용한다.
(2) 위 표의 수치는 굽힘의 안쪽 간격으로서 표시두께의 판 매수를 나타낸다.

3) 화학성분

평판 및 코일의 화성처리의 종류 및 기호는 표 2.13에 따른다. 다만, 특별히 지정하지 않는 한 비합금화 도금은 크롬산처리, 합금화 도금은 무처리로 한다.

표 2.13 **화성처리의 종류 및 기호**

화성처리의 종류	기호
일반 크롬산처리	C
인산염처리	P
무처리	M

(1) 화성처리의 종류에 대해서는 주문자와 제조자 사이에 협의할 수 있다.

4) 도금 부착량

도금의 부착량은 부착량 시험을 실시하여 측정하고, 양면의 두께가 같은 도금의 양면 최소 부착량 및 부착량 표시기호는 표 2.14와 같다.

표 2.14 **양면의 두께가 같은 도금의 양면 최소 부착량**

도금 구분	도금의 양면 부착량 표시기호	양면 3점법 평균 부착량	양면 1점 최소 부착량
비합금화	(Z06)	(60)	(51)
	Z08	80	68
	Z10	100	85
	Z12	120	102
	Z18	180	153
	Z20	200	170
	Z22	220	187
	Z25	250	213
	Z27	275	234
	Z35	350	298
	Z45	450	383
	Z60	600	510
합금화	(F04)	(40)	(34)
	F06	60	51
	F08	80	68
	F10	100	85
	F12	120	102
	(F18)	(180)	(153)

(1) 가공용 1종, 2종 및 3종은 부착량 표시기호 Z35, Z45, Z60, F10, F12 및 F18을 적용하지 않는다.
(2) 도금의 양면 3점법 평균 부착량은 공시체에서 채취한 3개 시험편 측정값에 대하여 적용한다.
(3) 도금의 양면 1점 최소 부착량은 공시체에서 채취한 3개 시험편 측정값의 최소값에 대하여 적용한다.
(4) 도금의 양면 최대 부착량은 주문자와 제조자 사이에 협의할 수 있다.
(5) ( ) 안은 주문자와 제조자 사이의 협의에 따라 적용할 수 있다.

2.4 프리스트레스 도입방법

2.4.1 프리스트레스 도입 위치에 따른 긴장방법

1) 단일 스트랜드의 긴장방법

단일(single) 스트랜드에 프리스트레스를 도입할 때에는 모노잭(mono jack)으로 긴장하며, 일반적으로 단일 스트랜드는 교량 및 건물의 얇은 바닥판의 횡방향 긴장재로 사용되지만 중공 또는 속찬(solid) 슬래브 단면의 길이가 짧은 종방향 긴장재로 사용되기도 한다.

단일 스트랜드는 설치 단면의 높이가 낮거나 다른 긴장재와 중복 배치되어 설치공간이 제한될 때 주로 사용되므로 덕트 형상은 편평한 타원형 단면을 사용하는 것이 일반적이다.

단일 스트랜드 긴장에 있어 단일곡선 또는 직선형의 다중(multi) 스트랜드를 단일 스트랜드 긴장방법으로 긴장할 경우에는 스트랜드가 서로 꼬이지 않도록 하기 위해 반드시 곡선 내측의 스트랜드를 먼저 긴장한 후에 점차적으로 외측 스트랜드를 긴장해야만 한다. 이러한 이유 때문에 방향이 바뀌는 반향곡선의 선형을 갖는 다중 스트랜드는 부득이한 경우라 할지라도 단일 스트랜드 긴장방법을 적용할 수 없다.

작은 단면의 거더에 단일 스트랜드 긴장방법으로 프리스트레스를 도입하는 경우에는 탄성수축에 의한 프리스트레스 손실량이 크기 때문에, PS 긴장순서에 따라 먼저 긴장한 스트랜드의 탄성수축 손실량을 충분히 감안해야 한다. 따라서 부재길이에 비해 단면이 작은 거더의 경우에는 설계할 때 반영하거나 또는 시공할 때 고려해야 한다.

일반적으로 단일 스트랜드 긴장방법은 사장교 또는 이와 유사한 형식에서 덕트 내에 그리스(grease)로 충전된 사장재와 외부 노출용 긴장재를 보수 또는 보강할 때 적합한 긴장방법이다.

긴장재를 긴장하는 순서와 위치는 설계도서 또는 승인된 시공도면에 명확하게 제시되어야 하며, 반드시 제시된 내용에 따라 프리스트레스를 도입해야 한다.

(1) 일단긴장방법 및 교번(alternate)긴장방법

긴장재 길이가 짧은 단일 스트랜드의 긴장방법은 한쪽 정착단에서만 프리스트레스를 도입하는 것이 일반적이다. 그 이유는 프리스트레스를 도입할 때 마찰 손실량이 매우 작기 때문이다. 긴장재 길이가 짧을 경우에는 정착구의 손실이 반대편 정착단 위치를 초과하여 발생하는지의 여부를 반드시 확인할 필요가 있다.

포스트텐션 공법의 경우 바닥판 구조물의 횡방향 긴장재에 프리스트레스를 도입할 때 프리스트레스가 집중되는 것을 분산시키기 위하여 인장단의 위치를 하나씩 지그재그로 배치하여 교번으로 프리스트레스가 도입되도록 해야 한다. 예를 들어, 교량의 어느 한쪽 편에 배치된 긴장 정착단에서 스트랜드를 모두 긴장한 후 반대편에 있는 인장단에서 스트랜드를 긴장하는 방법, 또는 처음에 좌측 인장단을 긴장 후 다음 스트랜드를 우측 인장단에서 긴장하는 연속 지그재그 긴장방법 등 이러한 긴장방법을 교번(alternate)긴장방법이라 한다. 이러한 교번긴장방법은 하나씩 지그재그로 배치된 긴장 정착단에서 긴장재에 프리스트레스를 도입하기 위해 특별히 설계자가 지정하는 경우에만 필요한 긴장방법이다.

(2) 양단긴장방법

양단긴장방법은 하나의 긴장재의 좌·우측 양쪽 끝단에서 각각 프리스트레스를 도입하는 방법을 말한다. 양단긴장방법에 의해 프리스트레스를 도입하는 방법에는 순차적으로 각각의 끝단에서 긴장하는 방법과 2개의 인장잭에 의해 거의 동시에 긴장하는 방법이 있다. 이 방법은 긴장재 길이가 길어서 마찰 손실량이 클 경우에 일반적으로 사용하는 방법이다.

양단긴장방법의 적용에 있어 긴장재의 계산된 신장량(elongation)이 웨지(wedge, 쐐기)의 박음(grip) 시 발생하는 미끄럼량(slip양)보다 작을 경우, 일단긴장 후 반대편 인장단에서 프리스트레스를 도입해서는 안 된다. 또한 프리스트레스 도입 후 웨지를 박은 상태에서 시간이 오래 경과된 프리스트레싱 구간 내에 웨지를 재박음(re-grip)하는 것을 피해야 한다.

2) 다중 스트랜드의 긴장방법

다중(multi) 스트랜드용 긴장재는 교량 구조물의 경우 종방향의 주긴장재용으로 주로 채택된다. 한 긴장재용 스트랜드 전체는 다중 스트랜드 인장잭으로 한꺼번에 긴장하여 프리스트레스를 도입한다. 긴장재를 긴장하는 순서와 한 긴장재에 프리스트레스를 도입하는 인장단의 위치는 설계도서나 승인된 시공계획도면(shop drawing)에 명확하게 표시되어 있어야 하며, 반드시 그 절차에 따라 프리스트레스를 도입해야 한다.

(1) 일단긴장 및 교번긴장방법

다중 스트랜드 긴장재의 한쪽 인장단에서만 프리스트레스를 도입하는 긴장방법을 일단긴장방법이라 하며, 양쪽 끝단에서 긴장하는 양단긴장방법과 구별하여 일컫는다. 상부 구조물 내에 유사하면서도 대칭으로 배치된 긴장재가 다수일 경우에 일단긴장방법으로 프리스트레스를 도입할 필요성이 있다고 할지라도, 인장단을 교번으로 배치한 인장단에서 프리스트레스를 도입할 때에는 구조물의 전 구간에 걸쳐 포스트텐셔닝 효과를 유지할 수 있도록 프리스트레스를 도입해야 한다. 일단긴장방법으로 프리스트레스를 도입할 때 교번긴장방법으로 프리스트레스를 도입하는 방법이 요구되기도 하나, 일단긴장방법은 긴장재 양끝단 중 한쪽 끝단에서만 긴장하는 것을 의미하며, 교번긴장방법은 교량의 반대편 끝단에 고정단과 인장단을 교번으로 설치하여 인장단 측에서만 프리스트레스를 도입하는 것을 말한다.

그림 2.2와 같이 동일 번호의 긴장재 한쪽 끝에서만 프리스트레스를 도입할 경우, 인장잭의 위치는 구조물 반대편의 한쪽 끝단에 위치하되 교대로 번갈아가면서 인장잭을 설치해야 한다. 그림 2.2와 같이 4개의 긴장재에 교번긴장방법으로 프리스트레스를 도입해야 한다면, 우선 T1 긴장재를 교량의 왼쪽 인장단에서 긴장하고 그 다음에 반대편인 오른쪽 인장단에서 T2와 T3 긴장재를 긴장한 다음에 다시 왼쪽의 인장단으로 되돌아가 프리스트레스를 도입하는 방법이 바람직하다.

교번긴장방법으로 프리스트레스를 도입할 경우에는 단면 전체에 걸쳐 프리스트레스 힘이 최대로 적절히 분배될 수 있도록 긴장순서를 주의 깊게 정해야 한다. 일단긴장방법으로 긴장재에 프리스트레스를 도입할 경우 인장단의 긴장력은 반대편 고정단의 긴장력보다 더 클 것이다. 그림 2.2의 4개 긴장재는 배치 선형이 각각 다르기 때문에 똑같지 않은 비대칭의 프리스트레스 힘을 도입하게 되지만, 교번긴장방법에 의해 도입된 프리스트레스 힘은 구조물 전체에 거의 대칭되거나 그 이상의 효과를 얻을 수 있게 된다. 구조물을 설계할 때 교번긴장방법으로 프리스트레스를 도입할 경우 그 긴장순서는 가장 효과적으로 프리스트레스 힘이 구조물에 분배될 수 있는 방법으로 정해야 하며, 특별 규정된 순서를 정확하게 지키면서 긴장력을 도입하는 것이 매우 중요하다.

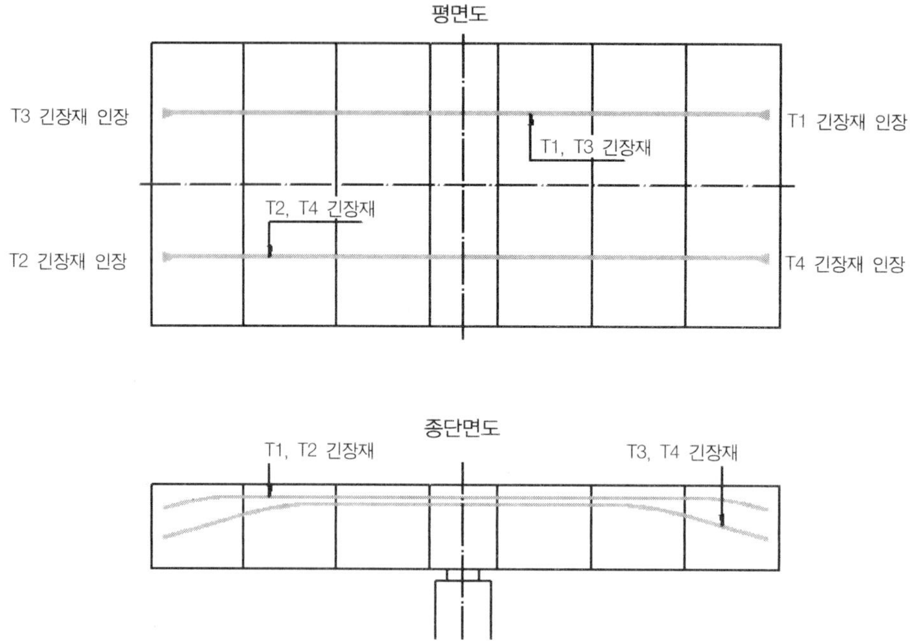

그림 2.2 **교번긴장방법(4개의 긴장재의 경우)**

(2) 양단긴장방법

긴장재 길이가 길면 길수록 파상마찰에 의해 긴장재 전 구간에 걸친 프리스트레스 손실량은 점점 증가하게 된다. 양단긴장방법으로 프리스트레스를 도입하면 첫 번째 긴장 후 반대편의 두 번째 인장단의 프리스트레스 힘은 일단긴장방법에 의한 긴장력보다 훨씬 큰 힘으로 긴장하는 결과를 얻는다. 또한 그림 2.3과 같이 긴장력 도입 후 긴장력을 도입한 끝단의 프리스트레스 힘은 긴장재의 중앙점보다 더 큰 프리스트레스 힘을 보유하게 되는 효과가 있다. 양단긴장방법으로 긴장할 경우 긴장재의 계산된 신장량이 웨지를 정착시킬 때의 미끄럼량보다 작은 경우에는 반대편의 인장 측에서 긴장을 하면 안 된다. 또한 프리스트레스 도입 후 웨지를 박은 상태에서 시간이 오래 경과된 PS 긴장재 구간 내에서 웨지를 재박음하는 것도 피해야만 한다.

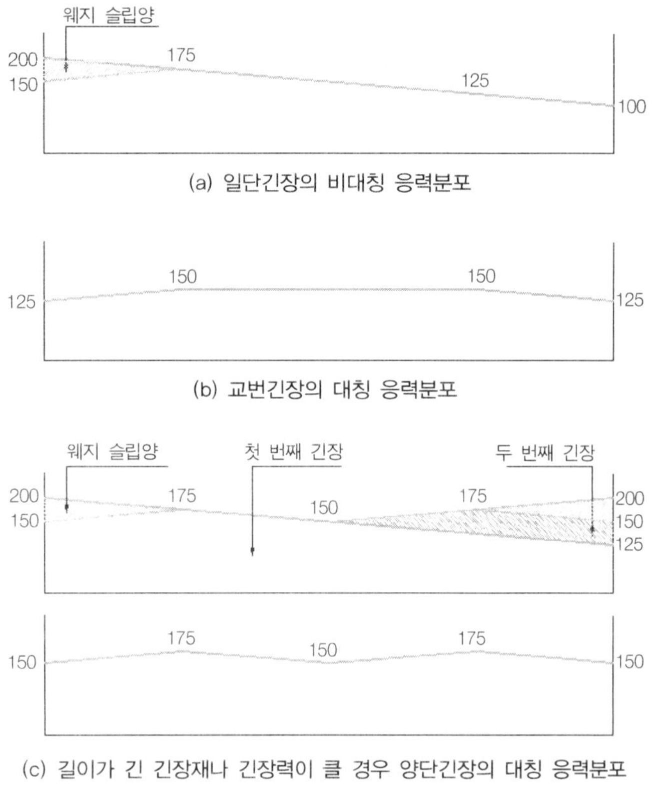

그림 2.3 **양단긴장방법으로 긴장재에 도입되는 프리스트레스 힘의 도입과정(단위 : tonf)**

양단긴장방법에서 긴장재를 긴장하는 방법에는 아래 두 가지가 있다.

(a) 첫 번째 긴장방법

가장 일반적인 방법인 첫 번째 방법은 프리스트레스를 도입하는 양쪽 인장단 중 어느 하나의 인장단 측에서 긴장을 먼저 시작하는 것이다. 이때 긴장재의 신장량은 매우 크게 나타날 것이므로 긴장재는 몇 차례에 걸친 웨지의 재박음을 통해 정착될 것이다. 웨지 재박음의 횟수는 인장잭의 스트로크(stroke) 길이에 따라 좌우된다. 긴장재의 신장량은 개략 30m마다 178~203mm 정도씩 늘어나게 된다. 만약 스트로크 250mm의 인장잭으로 150m의 긴 긴장재를 긴장한다면, 약 4번에 걸쳐 웨지를 재박음하게 될 것이다. 그러나 긴 긴장재일수록 덕트 내에 늘어진 길이를 감안한다면, 최초에 긴장할 때 긴장재에 긴장력이 도입되는 시점까지 늘음량이 증가되어 웨지 박음 단계의 횟수는 증가할 수도 있다.

양단긴장방법으로 긴장할 때 긴장재 양측 인장단 중 그 첫 번째 인장단 측에서 먼저 최종의 프리스트레스 힘까지 긴장한 후에 웨지를 정착구에 정착시키고 그 다음 반대편 인장단 측으로 인장잭을 옮겨 긴장하면 된다. 이때 두 번째 긴장하는 인장단 측은 첫 번째 인장단에 도입한 긴장력에 의해 이미 소정의 프리스트레스 힘이 도입된 상태이다. 두 번째 인장단 측에서는 긴장재가 잡아 당겨져 느슨함이 없기 때문에 긴장재의 신장량 값은 프리스트레스 도입 즉시 측정하면 된다.

반대편 인장단에서 긴장하는 두 번째 인장단 측의 긴장재 신장량은 매우 적을 것이며, 인장잭에 의한 웨지 재박음도 일반적으로는 필요 없게 된다. 프리스트레스 도입 후 긴장재 총신장량은 양측 인장단에서 각각 측정한 신장량을 합산한 값이다. 인장잭에 의한 웨지 재박음이 반복되어 신장량 측정 오류의 원인이 될 수도 있다. 그러므로 인장잭에 의한 웨지 재박음이 필요한 경우에는 긴장재 신장량 측정용 표시점이 지워지지 않도록 주의해야 한다.

(b) 두 번째 긴장방법

양단긴장방법 중 두 번째 긴장방법은 2개의 인장잭을 양끝 인장단에 각각 설치하여 거의 동시에 긴장작업을 실시하는 방법이다. 각각의 인장잭에서 긴장재 총신장량의 약 1/2값을 잡아당기게 될 것이다. 이때 두 개의 인장잭이 정확하게 동일한 값으로 나타나지 않는 경우가 많다. 인장잭 두 대로 동시 인장하는 방법은 인장잭에 의한 웨지 재박음 작업을 고려할 때 상기 첫 번째 긴장방법보다 긴장작업과 인장장비 이동 및 설치가 훨씬 빠르다는 이점이 있다. 이 방법은 두 대의 인장장비가 필수적이며 또한 동시에 긴장작업을 할 수 있는 신호 통신체계가 필요하다.

2.4.2 PS 긴장재별 긴장방법

1) 단일 스트랜드용 긴장방법

단일 스트랜드용 인장잭은 일반적으로 두 개의 실린더를 가지고 있다. 그중 하나는 스트랜드를 잡아당기고 웨지 박음을 할 수 있는 웨지 디바이스(wedge device)로서 스트랜드 외측부에 있다.

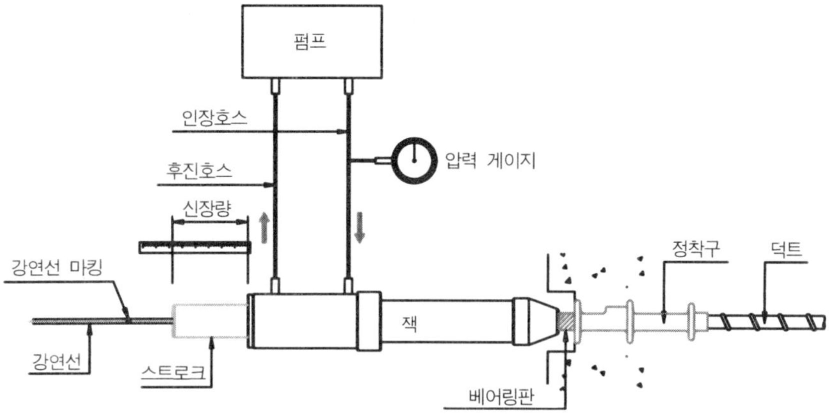

그림 2.4 **단일 스트랜드용 모노잭**

단일 스트랜드로 구성되는 긴장재는 종종 건물에서 사용되기도 하는데, 이때의 각 긴장재는 하나의 스트랜드에 하나씩 덕트를 배치한다. 그림 2.4에 보인 바와 같은 단일 스트랜드용 모노잭은 바닥판 또는 그와 유사 구조물에서 3~4개의 스트랜드로 구성된 횡방향 긴장재를 긴장할 때 일반적으로 사용한다. 또한 단일 스트랜드는 보수 공법이나 재설치 시에 종종 사용하기도 한다.

간혹 종방향의 다중 스트랜드가 동시에 한 스트랜드씩 긴장되기도 하는데, 이때는 스트랜드 설치과정상 서로 뭉치거나 꼬임이 없어야 하며 각각 그 끝단을 명확하게 식별할 수 있는 경우에만 적용할 수 있다.

2) 다중 스트랜드용 긴장방법

포스트텐셔닝 공법에서 다중 스트랜드는 매우 크게 만들어진 인장잭을 이용하여 일반적으로 전체 그룹으로 한꺼번에 긴장한다. 이 방법에서는 각 스트랜드에 한꺼번에 동시에 인장력이 도입되어야 하며 또한 각각의 스트랜드가 움직일 위험성이 없다는 확신이 있어야 한다.

인장잭은 일반적으로 긴장재 전체가 잭의 중앙을 관통하는 형상으로서 그림 2.5와 같이 긴장재 전체가 중앙부 관통홀을 모두 관통한 다음에 인장잭 뒤편에 노출되어 고정된다. 프리스트레스를 도입하는 잭은 매우 정밀해야 하고, 같은 용량의 일반적인 잭보다 표면과 패킹(packing)에 더 많은 보호장치를 해야 한다. 그 이유는 인장잭에는 긴 스트로크가 필요하며 또한 임의의 도입력에 대한 정밀성 측면에서 변화에 대한 대처능력을 증대시키기 위함이다.

인장잭의 효율성과 정밀성에 대한 다른 요인들로는 더러운 기름의 사용, 먼지나 모래에 노출될 경우, 편심을 갖고 긴장력을 도입하는 경우, 패킹형식, 램의 위치, 기름온도, 외기온도, 유압밸브, 램과 패킹의 유지상태, 판독장비 등을 들 수 있다. 또 다른 요인은 인장잭의 사용이력이다. 잭의 사용이력은 인장잭 내부에 유압 변화로 인한 에너지 손실을 야기하는데, 이때 램 압력이 멈춰있거나 감소하였을 때 부정확한 하중값으로 나타나기 때문이다. 그렇기 때문에 이 손실량은 압력을 증가시킬 때마다 로드셀(load cell)에 의해 인장잭 자체와 압력 게이지를 검교정하여 반드시 교정되어져야 한다.

프리스트레스를 도입하는 긴장방식에서는 유압으로 액체의 압력을 판독할 수 있는 압력 게이지가 부착되어 있어야 한다. 압력게이지와 인장잭은 두 개 모두 검교정을 받아야 하며, 모든 긴장작업 시 하나로 일체화된 것처럼 항상 함께 사용되어야 한다. 새로 교체한 장비조합은 긴장작업에 투입되기 이전에 재검교정을 받아야만 한다.

유압력이 공급되는 펌프는 인장작업을 할 때에는 양호한 위치에 설치해야 하는데, 이것은 긴장작업 도중에 고장이나 파손될 우려가 있기 때문이다.

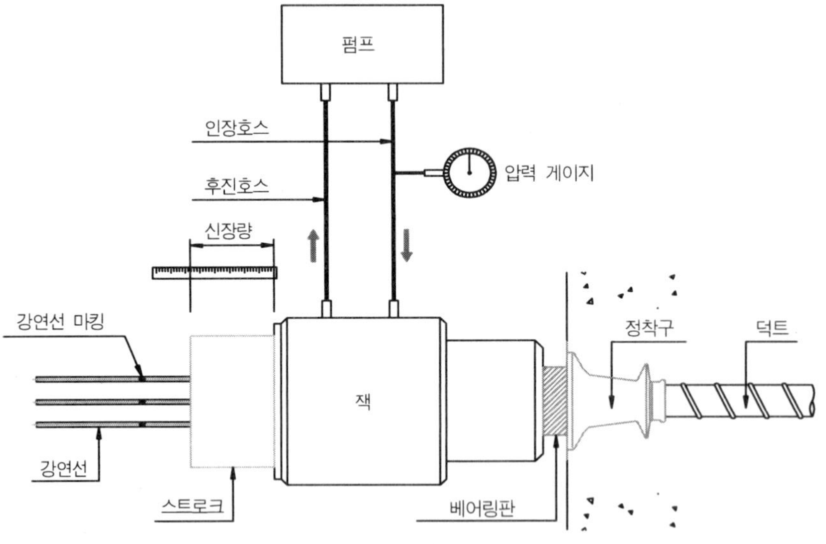

그림 2.5 **중앙 관통형 표준 다중 스트랜드용 인장잭**

3) PS 강봉용 긴장방법

그림 2.6과 같이 PS 강봉용 인장잭은 강봉이 관통되는 중앙홀을 가지고 있으며 잭의 뒷면에는 강봉 고정용 너트를 장착하고 있다. 대부분의 인장잭은 강봉용 연결 정착구를 수용할 수 있도록 잭 앞부분을 확장시켜 제작한다.

또한 PS 강봉용 인장잭에는 PS 강봉이 하중재하로 늘어날 때 정착판용 앵커 너트를 조이고 회전할 수 있도록 수동식 또는 기계식 장치를 부착하고 있다. 앵커정착 시 손실량을 최소화하거나 줄일 수 있도록 하기 위해 앵커 너트를 조일 때에는 매우 주의해야 한다.

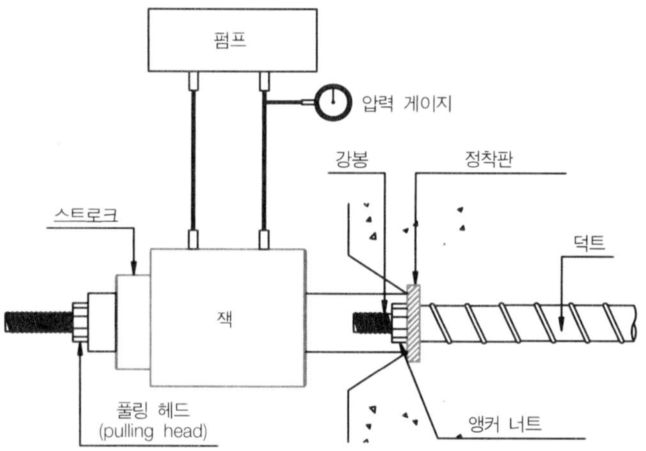

그림 2.6 **PS 강봉용 인장잭**

2.4.3 인장장비의 검교정

1) 검교정(calibration) 주기

인장잭은 최소한 매 1년마다 검교정해야 하며, 아래와 같은 경우 추가로 실시한다.

(a) 최초 PS 긴장재 긴장작업 직전

(b) 잭 펌프 수리 후

(c) 잭 펌프 조합이 변하는 경우

(d) 계산값과 측정값이 현저하게 다를 경우

(e) 그 외 필요한 경우

2) 인장잭과 압력 게이지

인장장비의 검교정은 매우 중요하다. 인장잭으로 긴장재에 프리스트레스 힘을 도입시킬 경우 그 한 단계인 검교정은 정확한 로드셀 또는 기타 장비로 측정되어져야만 한다.

인장잭의 압력 게이지 판독값은 로드셀에 의해 기록된 실제 도입 하중값 대비 인장잭용 압력 게이지 판독값으로 표시된 검교정표(chart)에다 전 과정의 인장력 도입단계에 걸쳐 로드셀값에 대응하는 값으로 기록되어야 한다.

3) 검교정 곡선(curve) 이용방법

검교정 곡선이란 그림 2.7에서와 같이 인장잭이 공급하는 실제 압력과 인장잭 자체의 게이지가 기록하는 압력과의 상관성을 나타낸 관계 곡선으로서 검교정 단계를 입증하는 자료이다.

인장잭과 게이지는 현장에서 사용하는 동안에도 보관중인 마스터 게이지에 의해 주기적으로 점검 확인해야 하며, 검교정 곡선과의 편차가 심하다면 인장잭 시스템에 대해 재검교정을 실시해야 한다.

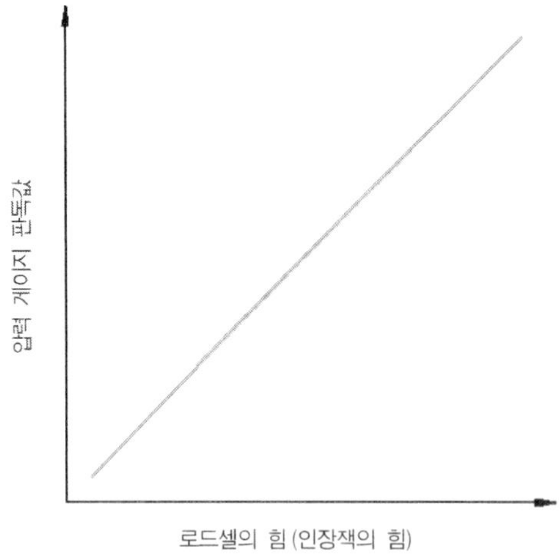

그림 2.7 **압력 게이지와 인장잭의 힘을 나타낸 검교정 곡선**

제 3 장 PS 긴장재의 긴장관리

프리스트레스트 콘크리트에 도입되는 긴장력은 설계 시 결정된 크기 및 순서에 따라 소정의 위치에 정확하게 도입되어야 한다. 이 장에서는 PS 긴장재에 인장력을 도입하고 이를 관리하는 방법에 대하여 기술하였는데, 국내의 경우 콘크리트표준시방서 및 도로공사표준시방서의 내용을 중심으로 실제 시행되고 있는 긴장관리방안에 대하여 서술하였다. 또한 Eurocode, AASHTO LRFD Bridge constructionon specifications, ACI 318 및 일본 프리스트레스트 콘크리트 설계시공규준을 중심으로 외국의 긴장관리방안을 조사하였다. 그리고 기존의 긴장관리방안을 개선하기 위하여 요구되는 사항들을 정리하였으며, 합리적인 마찰계수의 수준을 고찰해 보기 위해 국내외에서 수행된 관련 연구내용 및 설계기준의 값들을 비교분석하였다.

3.1 국내의 긴장재 긴장관리 기준

3.1.1 콘크리트표준시방서

콘크리트표준시방서(2009)에 제시된 사항은 다음과 같다.

(1) 여러 가지 원인에 의한 마찰계수 및 겉보기 탄성계수 등의 변동을 고려하여 긴장재에 도입하는 인장력은 소정의 값 이하가 되지 않도록 각각의 긴장재에 대해서 프리스트레싱 관리를 해야 한다(그림 3.1 참조).

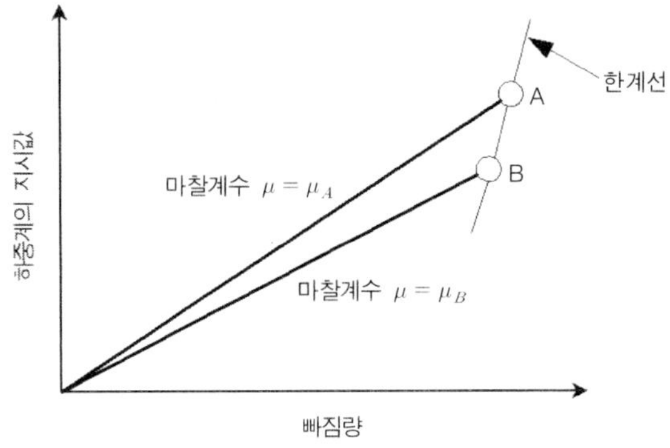

그림 3.1 **프리스트레싱 관리도**

(2) 긴장재에 가하는 인장력은 하중계가 나타내는 값과 긴장재의 늘음량 또는 빠짐량에 의하여 측정해야 한다. 프리스트레싱 작업 중에는 인장력과 늘음량 또는 빠짐량과의 관계가 직선이 되어 있음을 확인해야 한다. 하중계가 나타내는 값과 긴장재의 늘음량 또는 빠짐량의 관계가 직선이 되지 않은 경우에는 프리스트레싱을 다시 실시해야 한다. 또한 프리스트레싱을 다시 실시한 후에도 이상 상태가 나타나는 경우에는 작업을 중지하고 그 원인을 확인해야 한다.

(3) 한 개의 부재에 여러 개의 긴장재가 배치되어 있는 경우에는 긴장재 개개에 대한 프리스트레싱 관리를 실시하는 것 외에 긴장재를 몇 개의 조로 나누어 관리해야 한다.

(4) 집중 케이블 방식에서 한 개의 부재에 배치되는 긴장재의 개수가 극단적으로 적은 경우 프리스트레싱 관리를 위해 특별한 조치를 취해야 한다.

(5) 마찰계수 및 긴장재의 겉보기 탄성계수는 현장에서 시험을 실시하여 구하는 것을 원칙으로 한다.

3.1.2 도로공사표준시방서

도로공사표준시방서(2009)에 제시된 사항은 다음과 같다.

1) 프리스트레싱 관리

(1) 프리스트레싱 수준은 하중계의 지시도와 긴장재의 늘음량에 의해 관리해야 하고, 하중이 증가함에 따라 그 관계가 직선으로 되어가는 것을 확인해야 한다. 직선이 되지 않는 경우에는 프리스트레싱을 다시 실시해야 하고, 재실시 후에도 이상상태를 나타내는 경우에는 작업을 중지하고 그 원인을 확인해야 한다.

(2) 프리스트레싱의 관리에 있어서는 여러 가지 원인에 의한 변동을 고려하여, 긴장재 1개마다 정해진 인장력이 주어지고 있는 것을 확인해야 한다.

(3) 1개 부재에 여러 개의 긴장재가 배치되어 있는 경우에는 긴장재 1개마다의 관리 외에 긴장재를 몇 개의 조로 나누어서 관리해야 한다.

(4) 집중 케이블 방식에서 한 개의 부재에 배치되는 긴장재의 개수가 극단적으로 적은 경우의 프리스트레싱 관리 시 특별한 고려를 해야 한다.

(5) 마찰계수 및 긴장재의 겉보기 탄성계수는 시험에 의해 구해야 한다.

(6) 프리스트레싱 작업 시 설계도서대로 양단긴장을 할 경우 긴장력이 동시에 작용하도록 한 개의 유압기를 사용한다.

(7) 프리스트레싱 작업중 프리스트레싱 관리도를 이용하고 하중계의 인장력과 긴장재의 늘음량 또는 빠짐량을 측정 기록하여 직선으로 진행되는가를 확인해야 한다.

(8) 인장력과 늘음량 또는 빠짐량의 관계가 직선이 되지 않을 때는 즉시 작업을 중지하고 그 원인을 확인해야 한다.

(9) 설계상의 인장력 및 늘음량 또는 빠짐량값과 실제 긴장 시의 값이 5% 이상의 편차를 보일 경우 즉시 작업을 중지하고 전문기술자의 자문을 받아 원인을 조사하고 대책을 강구해야 한다.

(10) 긴장 중 긴장재의 파손 등이 발생하였을 때에는 전문기술자의 검토를 받아 대책을 수립해야 한다.

(11) 프리스트레싱 작업 중에는 긴장재의 늘음량 또는 빠짐량을 확인할 수 있도록 정착구 양측에 스프레이 등으로 표시해야 한다.

(12) 잭을 정착구에 설치하기 전에 자연상태로 된 긴장재 정착구 바로 뒷부분에 지워지지 않도록 페인팅을 해야 한다.

(13) 잭을 정착구에 설치한 후 매 10MPa 압력마다 잭의 램(ram) 길이를 측정해야 한다.

(14) 잭의 압력 게이지는 검교정 공인기관에서 검사를 받은 후 사용한다.

(15) 긴장재 인장결과의 허용범위는 인장계획표에 의한 신장량, 즉 이론적 계산값과 실제 현장에서 실측된 신장량의 차이에 의해 산출된 것으로 ±5%를 적용한다.

2) 프리스트레싱 장치의 검교정(calibration)

(1) 프리스트레싱 장치의 검교정은 현장에 다이나모미터(dynamometer) 또는 쌍침식(雙針式) 표준 게이지를 준비해 두고 프리스트레싱 장치를 사용하기 전에 실시하고, 필요에 따라서 사용 중에도 실시하여 그 결과를 기록해 두어야 한다.

(2) 프리스트레싱 장치는 다음의 시기에는 반드시 검교정을 해야 하며 그 결과를 감독자에게 보고해야 한다. 현장에는 검교정용 표준게이지 등을 비치해야 한다.

(a) 최초의 프리스트레싱 직전

(b) 잭(jack) 또는 펌프 수리 및 조합을 변경할 때

(c) 압력계의 0점이 이동되었을 때

(d) 약 50본의 케이블을 인장한 후

(e) 장기작업 중단 후 작업을 재개할 때

(f) 계산값과 측정값이 현저히 다를 때

3.2 해외의 긴장재 긴장관리 기준

3.2.1 Eurocode

긴장재의 인장력과 신장량을 측정하여 마찰에 의해 발생하는 실제 손실량을 평가해야 한다. Eurocode(1992) 원문은 다음과 같다.

> 5.10.2.3 Measurement
>
> In post-tensioning the prestressing force and the released elongation of the tendon shall be checked by measurements and the actual losses due to friction shall be controlled.

3.2.2 AASHTO LRFD Bridge construction specifications

긴장재의 신장량과 인장력 간의 오차가 길이 15m 이상의 긴장재에서는 ±5%, 15m 이하 긴장재에서는 ±7%까지 발생될 때 추후 프리스트레싱 수행 전에 오차의 원인을 검토하고 교정하도록 제시하고 있으며, 여유 덕트를 이용하여 추가적인 프리스트레싱을 도입할 경우에는 15m 이상의 교량에서도 신장량과 인장력 간의 오차를 7%까지 증가시킬 수 있는 것으로 제시하였다. AASHTO LRFD(2010) 원문은 다음과 같다.

> 10.10.1.4 Measurement of stress
>
> When a discrepancy between gauge pressure and elongation of more than 5 percent in tendons over 15000mm long or 7 percent in tendons of 15000mm or less in length occurs, the entire operation shall be carefully checked and the source of error determined and corrected before proceeding further. When provisional ducts are provided for addition of prestressing force in event of an apparent force deficiency in tendons over 15000mm long, the discrepancy between the force indicated by gauge pressure and elongation may be increased to 7 percent before investigation into the source of the error.

3.2.3 ACI 318-11

긴장재의 인장력 도입은 신장량과 인장력 간의 상관관계를 통해 결정하도록 하였으며, 포스트텐셔닝 부재에 대해서는 신장량과 인장력 간의 측정 오차량이 7%를 초과하지 않도록 명시되었다. ACI 318-11(2011) 원문은 다음과 같다.

> 18.20.1 Prestressing force shall be determined by both following methods :
>
> (a) Measurement of steel elongation. Required elongation shall be determined from average load-elongation curves for the prestressing steel used.
>
> (b) Observation of jacking force on a calibrated gauge or load cell or by use of a calibrated dynamometer.
>
> Cause of any difference in force determination between (a) and (b) that exceeds 5 percent for pretensioned elements or 7 percent for post-tensioned construction shall be ascertained and corrected.

3.2.4 일본 프리스트레스트 콘크리트 설계시공규준

일본의 프리스트레스트 콘크리트 설계시공규준(1999)은 국내 콘크리트표준시방서에 명시된 방법과 동일한 방법을 제시하고 있다.

상기의 해외에서 제시하는 기준에 나타나듯이 일본의 기준을 제외하고는 모두 신장량과 인장력 간의 오차비율을 제한하는 방법을 취하고 있으며, 현재 일본에서도 마찰계수관리법에 의한 프리스트레싱 관리를 지양하고 있는 추세이다.

3.3 긴장관리 개선방안

이 절에서는 현장에서 인장력을 관리하는 데 있어 일반적인 인장력 관리방안 이외에 특수한 경우에 대한 관리방안을 고찰해 보고, 또한 현재 국내외 PS 긴장재의 긴장관리 기준에서 적용되고 있는 관리방안에 대한 개선안을 제시하고자 한다.

3.3.1 인장량 관리 시 특수한 경우에 대한 관리방안

1) 짧은 길이를 갖는 긴장재

FCM 교량의 주두부에 설치되는 긴장재, 횡방향 긴장재 및 교각 코핑부 등에 설치되는 긴장재들은 대부분 짧은 길이를 갖게 된다. 실제 현장에서 이와 같이 짧은 긴장재에 대해 긴장재의 신장량으로 프리스트레싱을 관리하게 되면 대부분 계산 신장량 대비 실측 신장량이 약 110~120%로 크게 나타나게 된다.

일반적으로 긴장재의 신장량 측정결과는 긴장재 단면적의 차이, 긴장재 탄성계수의 차이, 마찰계수의 차이, 게이지의 읽기 오차, 인장량 측정 오차 및 긴장잭과 게이지의 검교정 오차 등에 의해 항상 오차를 갖게 되며, 이와 같은 이유로 발생되는 작은 오차도 길이가 짧은 긴장재에서는 큰 값으로 나타날 수 있다. 예를 들어, 50~60m의 길이를 갖는 긴장재의 경우, 약 250~350mm 정도의 신장량을 보이는데, 이때 발생하는 5mm의 신장량 오차가 차지하는 비율은 약 1~2%밖에 되지 않는 반면에 FCM 주두부 긴장재나 횡방향 긴장재와 같이 신장량이 70~75mm 정도를 갖는 긴장재에서 5mm의 오차가 차지하는 비율은 약 7~8% 정도를 나타내게 된다. 일반적으로 ±5%의 허용오차를 규정하고 있는 AASHTO 기준에서도 짧은 긴장재의 경우에는 ±7%까지 오차범위를 늘려서 규정하고 있으나, 실제로는 이러한 범위에 부합시키는 것도 용이하지 않다.

이러한 짧은 긴장재 신장량의 문제점에 대해 언급된 연구(Freyermuth, 1991)에서 거론된 내용을 보면 다음과 같다.

아주 작게 측정된 신장량에 대한 오차는 신장량 오차범위 7%를 지속적으로 만족시키는 것조차 아주 어렵다. 이때 신장량이 와이어나 긴장재의 파손이 발견되지 않은 상태에서 기준값을 명백히 초과한 경우에는 긴장재를 긴장하는 잭의 게이지에서 읽은 힘을 바탕으로 하여 긴장재의 신장량 오차를 평가하는 방법을 권한다(Very small errors in measurement of elongation, as well as variations in the various parameters discussed earlier in this paper, make it extremely difficult to consistently meet the small elongation tolerance 7 percent. When the elongation is apparently excessive with no indication of wire or strand breakage, it is suggested that the tendon be accepted on the basis of evaluation of the force indicated by the gage reading on the jack.).

따라서 짧은 길이를 갖는 긴장재의 경우는 긴장재의 인장력을 기준으로 하여 긴장 관리하는 것이 바람직하다.

2) 연결정착구를 갖는 짧은 길이의 긴장재

ILM 교량의 시점부는 대부분 짧은 길이의 세그먼트를 갖게 되어 연결정착구를 갖는 짧은 길이의 긴장재에 프리스트레스를 도입하게 된다. 짧은 길이를 갖는 긴장재에 연결정착구를 사용할 경우에는 아래의 예제 계산결과에 나타나듯이 이미 시공된 긴장재의 정착부의 인장력($P_0'1$)보다 신설되는 긴장재 단부의 인장력(PL2)이 크게 된다. 이로 인해 신설 세그먼트에 설치된 긴장재를 인장할 때 이미 시공된 세그먼트에 정착된 긴장재에 미끄러짐이 발생할 경우, 연결정착구 부분이 서로 분리되어 신설 세그먼트에 설치된 긴장재에 원활한 인장력이 도입될 수 없으며, 긴장재의 신장량도 이미 시공된 긴장재가 끌려옴에 따라 부정확한 결과를 유발하게 된다.

따라서 짧은 길이를 갖는 긴장재에 연결정착구를 사용할 경우에는 이러한 영향을 고려하여 미리 시공 전에 검토를 수행함으로써 인장력을 재조정하는 등 일련의 조치를 취해야 하며, 가급적 그라우팅은 이러한 문제점이 예상되는 긴장재들의 프리스트레싱이 끝난 후 일괄적으로 실시하는 것이 바람직하다.

- P_0 = 100.0 tonf (ϕ12.7mm 강연선, 7가닥 사용)
- PL = $P_0 \times e[-(\mu a + kl)] = 100.0 \times e[-(0.2 \times 0.0 + 0.0015 \times 25.0)] = 96.3$ tonf
- 웨지 슬립(wedge slip)에 의한 손실이 영향을 미치는 거리(w)

$$w = \sqrt{\frac{\Delta l_e \times E_p \times A_p}{\Delta p}} = \sqrt{\frac{0.006 \times 2000 \times 6.9097}{(100.0 - 96.3)/25.0}} = 23.7\text{m}$$

– 웨지 슬립 후 인장단에서의 인장력(P_0')

$$P_0' = P_0 - 2 \times \Delta p \times w = 100.0 - 2 \times 0.148 \times 23.7 = 93.0 \text{ tonf}$$

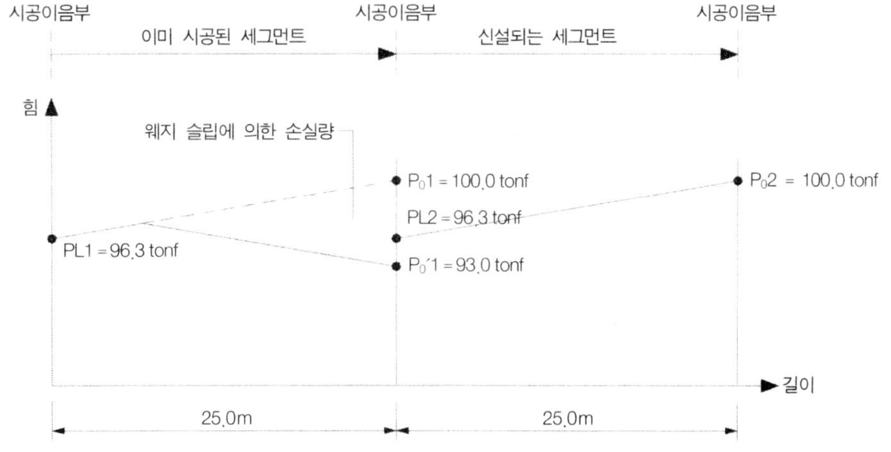

그림 3.2 **연결정착구를 갖는 25m 길이 긴장재의 인장력도 예**

3) 노출된 긴장재를 갖는 고정 정착구

긴장재를 쉬스(sheath)관 밖으로 노출시켜 콘크리트와의 부착력으로 정착단을 형성하는 고정 정착구의 경우, 계산 신장량을 산출하는 데 있어 쉬스관 밖으로 노출되어 콘크리트와 부착된 긴장재의 신장량도 고려되어야 한다.

예를 들어, A사에서 공급되는 고정 정착구의 경우 쉬스관 밖으로 노출되어 콘크리트와 부착되는 긴장재 길이의 50%가 신장량 계산 시 긴장재 길이에 반영되어지며, 반영되는 부착된 긴장재 길이는 그림 3.4에 나타나듯이 긴장재와 콘크리트와의 부착 정도에 따라 변화하게 된다.

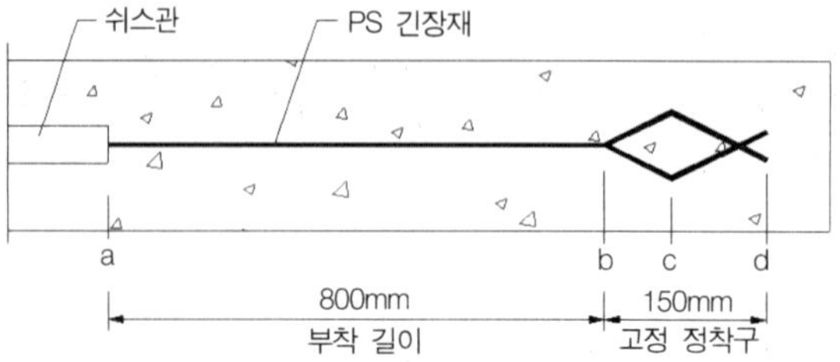

그림 3.3 **부착형 고정 정착구**

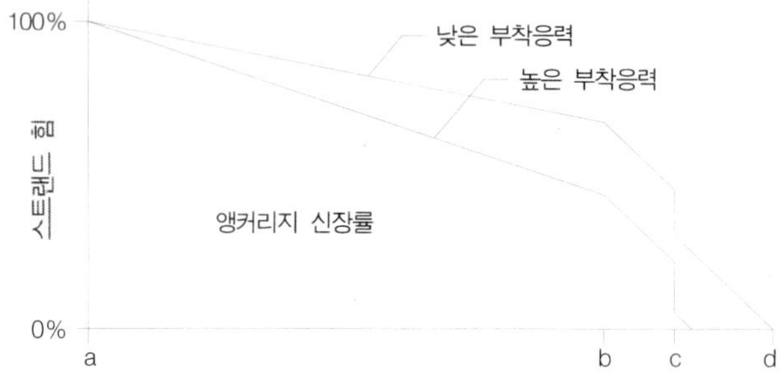

그림 3.4 **부착 정도에 따른 인장력 전달범위**

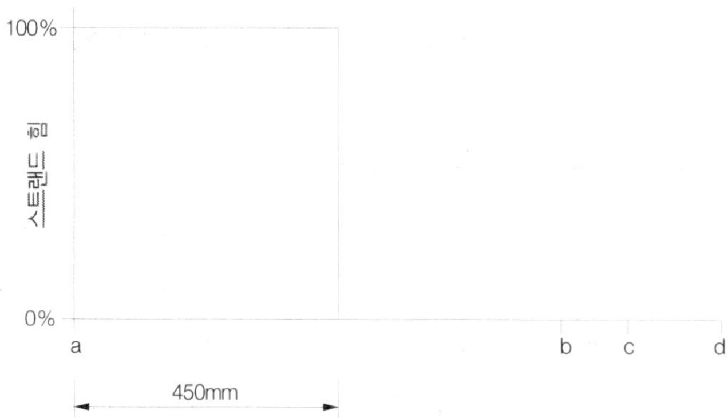

그림 3.5 **신장량 계산을 위한 인장력 전달범위의 단순화**

따라서 긴장재와 콘크리트와의 부착력으로 정착단을 형성하는 고정 정착구의 경우 신장량 계산 시 콘크리트 속에 묻히는 긴장재의 길이 중 일부를 반영해야 하며, 반영 길이의 산출은 PS 정착구 제조사의 특성에 따라 서로 달라질 수 있으므로 신장량 계산 전 정착구 제조사에 확인해야 한다.

3.3.2 인장력 관리 개선방안

1) 인장력 관리방법

긴장재의 인장력 관리는 PSC 거더교와 같은 일부 교량형식을 제외하고는 국내 시방서에 제시된 마찰계수에 의한 관리법을 적용하기에는 문제가 따르므로, 해외 기준들에서 채택하고 있는 신장량과 인장력 간의 오차범위 한계를 두어 관리하는 방법의 채택이 바람직하다.

신장량과 인장력 간의 오차범위 한계는 해외 기준들에서도 서로 차이를 나타내고 있으나, 경제적인 관점에서 볼 때 구조적으로 인장력 오차에 대해 수용할 수 있는 범위 내에서 ACI에서 제시한 ±7%까지 오차를 허용하는 것이 합리적이라 판단되며, 짧은 길이를 갖는 긴장재에 대해서는 인장력으로 관리하는 것이 바람직하리라 판단된다.

2) 현장에서의 관리

상기에서 언급된 다양한 관리항목에서 나타나듯이 현장에서는 프리스트레싱 작업 전에 다음 사항을 확인해야 한다.

(a) 긴장재에 대한 시험성적서를 통해 탄성계수 및 단면적을 확인
(b) 긴장잭에 대한 검교정 실시
(c) 사용 정착장치 및 긴장잭에 대한 인장력 손실량 기준 확인
(d) 계산 신장량의 확인 및 신장량 계산 시 반영된 계수값에 대한 확인
(e) 인장력 관리기준에 대한 확인

상기의 확인이 이루어지면 프리스트레싱 작업을 실시하여 긴장재의 신장량 및 인장력의 측정을 수행한다. 프리스트레싱 작업 시 별도의 신장량 관리대장에 프리스트레싱 작업결과를 작성하여 지속적으로 관리하도록 한다. 신장량 관리대장 작성 시에는 다음과 같은 사항이 필수적으로 명기되어야 한다.

(a) 프로젝트명, 현장명 및 프리스트레싱 작업일
(b) 사용 긴장재, 긴장잭 및 도입 인장력 목표값
(c) 단계별 인장에 따른 신장량 측정값과 이때의 인장력 기록
(d) 긴장잭 내 긴장재의 신장량과 고정 정착장치에서 긴장재 정렬에 따른 이동량
(e) 계산 신장량 및 계산 시 적용된 마찰계수값

(f) 기타 프리스트레싱 작업 시 고려사항

(g) 감독관의 승인

3.3.3 현장에서의 적용

이 절에서는 현장에서 인장력을 관리하는 데 있어 일반적인 관리단계를 순차적으로 서술하였으며 각 단계별 계산 예제도 포함하였다.

1) 계산 신장량 및 도입 인장력의 산정

(1) 신장량 계산의 일반 사항

아래의 그림 3.6과 같이 신장량을 계산할 때 사용되는 강연선의 길이는 정착구 캐스팅 끝단부터이다. 입력되는 압력 게이지 값에는 잭 손실(jack loss)과 정착구 손실(anchorage loss)이 포함되어 있으며 실제 도입되는 인장력은 이 손실값들을 감안하여 산정되어야 한다.

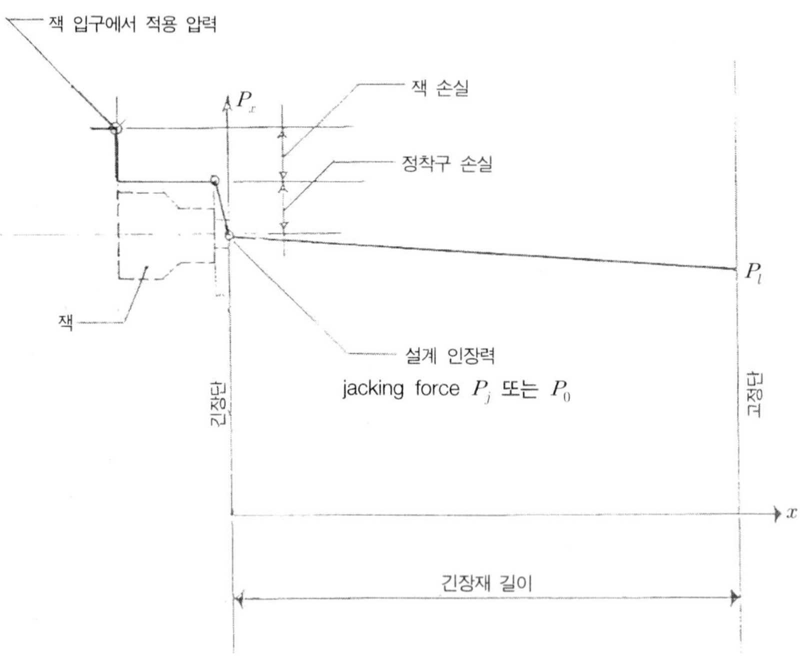

그림 3.6 **긴장 시 인장력 손실 그래프**

(2) 설계 인장력에 의한 신장량 산정

설계할 때에 적용한 긴장재의 인장력을 실제 현장에서 도입할 때 필요한 압력값으로 변환하는 작업으로, 잭 손실 및 정착구 손실을 고려하여 계산한다.

신장량 계산은 다음 식 (3.1)에 의한다.

$$\Delta L = \frac{P_m L}{E_{ps} A_{ps}} \tag{3.1}$$

여기서, 평균압축력 P_m은 다음 식 (3.2)에 따라 계산하고, 정착단에서 x만큼 떨어진 곳의 긴장력 P_x는 식 (3.3)에 의해 구한다.

$$P_m = \frac{P_0 - P_x}{\mu\alpha + kx} \tag{3.2}$$

$$P_x = P_0 \cdot e^{-(kx + \mu\alpha)} \tag{3.3}$$

여기서, P_0는 설계 인장력, P_x는 x만큼 떨어진 곳의 인장력, P_m은 평균압축력(또는 환산압축력), x는 인장단부터 거리, α는 각 변화량, k는 파상마찰계수, μ는 곡률마찰계수, L은 강연선 길이, ΔL은 신장량, E_{ps}는 강연선의 탄성계수, A_{ps}는 강연선의 단면적이다.

한편 압력계 지시값(hydraulic pressure)에 해당하는 인장력 P_r은 다음 식 (3.4)에 의해 구한다.

$$P_r = \frac{P_o}{\text{Jack 단면적}} \times \text{정착구 손실} \times \text{잭 손실} \tag{3.4}$$

식 (3.4)에 대한 계산 예를 들면 다음과 같다. 이는 $P_0 = 400\,\text{tonf}$, Jack 단면적 = $800\,\text{cm}^2$, 정착구 손실=3.4%, 잭 손실=1.0%인 경우를 가정한 것이다.

$$P_r = \frac{400 \times 1000}{800} \times 1.034 \times 1.01 = 527.34\,\text{kgf/cm}^2$$

2) 실제 도입 인장력 및 신장량 산정

(1) 신장량 산정

(a) 교량 및 강선제원

인장력 산정을 실시할 대상 교량은 FCM 교량이며 긴장재의 형태는 상부 긴장재(top tendon)이다. 그러므로 곡률마찰계수 $\mu = 0.2$, 파상마찰계수 $k = 0.0018$을 적용하여 실제 도입 인장력과 신장량을 산정한다.

표 3.1 대상 교량의 강선 제원

강선번호	단위	길이(m)	P_0 (tonf)	각 변화량
1	0.6″ - 22가닥	53.234	434.825	0.796
2	0.6″ - 22가닥	53.222	434.825	0.771
3	0.6″ - 22가닥	50.291	434.825	0.989

(b) 신장량 계산

$$E_{ps} = 2.0 \times 10^6 \, \mathrm{kgf/cm^2}, \quad A_{ps} = 1.387 \times 22 = 30.514 \, \mathrm{cm^2}$$

표 3.2 강선의 신장량

강선번호	$\mu\alpha + kx$	$P_x = P_0 \cdot e^{-(kx+\mu\alpha)}$ (tonf)	$P_m = \dfrac{P_0 - P_x}{\mu\alpha + kx}$ (tonf)	ΔL (mm)
1	0.2550	336.953	383.812	335
2	0.2500	338.642	384.732	336
3	0.2883	325.917	377.759	311

(2) 인장력 산정

(a) 인장장비 제원

잭 단면적=800cm^2

정착구 손실=3.4%

잭 손실=1.0%

(b) 인장력 계산

$$P_r = \frac{434.825 \times 1000}{800} \times 1.034 \times 1.01 = 567.63 \,\mathrm{kgf/cm^2}$$

3) 신장량 측정

(1) 신장량 측정

신장량 측정은 정확하게 이루어져야 하며 측정된 신장량은 인장보고서에 쉽게 알아볼 수 있도록 기록해야 한다. 신장량을 측정할 때 강연선의 신장값을 직접 읽어야 하며 잭의 피스톤값을 읽어서는 안 된다. 왜냐하면 웨지의 Draw-in값이 측정값에 포함될 수 있기 때문이다.

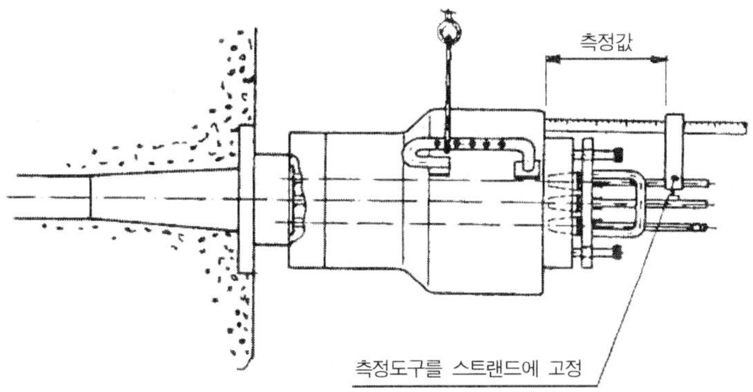

그림 3.7 **신장량 측정 예**

(2) 영점 조정

쉬스관 내에서 강연선의 처짐을 배제시키기 위해 첫 번째 판독은 인장력이 P_0의 25%가 되기 전까지는 취하지 않는다. 인장작업을 실시하는 동안 고정단에서 웨지의 미끄러짐과 강선의 미끄러짐 현상을 주기적으로 점검해야 하며, 강연선 길이가 길거나 각 변화량이 큰 경우에는 인장단의 압력값이 P_0의 50%에 도달될 때까지 지속적으로 점검해야 한다.

(3) 신장량 측정에서의 고려사항

(a) 고정 정착구의 활동(seating)

인장 정착구에서 인장을 시작하면 고정단에 인장력이 전달되면서 웨지가 정착구에 정착되는 과정에서 활동이 발생한다. 일반적인 활동량은 2~3mm 정도이며 길이가 긴 강연선의 경우에는 큰 영향을 주지 않지만 길이가 짧은 강연선의 경우에는 신장량 관리 한계값에 이를 정도의 값이므로 활동량 측정을 수행해야 한다.

(b) 잭 내 신장량

잭의 종류에 따라 강연선 인장 시 강연선을 고정하는 위치가 다르다. 잭의 전방에서 강연선을 고정시켜 인장하는 전방 잭(front jack)과 잭의 후방에서 강연선을 고정하여 인장하는 후방 잭(rear jack)으로 크게 나눌 수 있다. 전방 잭의 경우에는 강연선을 고정하는 위치가 정착구 위치와 거의 동일하여 잭 내부에서 추가로 신장량이 발생하지 않으나, 후방 잭의 경우에는 정착구와 강연선 인장 시 고정되는 위치에 차이가 발생하므로 그 길이 만큼에 대한 추가 신장량이 발생한다. 이처럼 추가로 발생하는 신장량값을 실측값에서 보정하여 사용해야 한다.

4) 신장량 관리대장 예

신장량 관리대장에는 각 강연선별 자료와 현장에서 측정된 신장량값이 단계별로 기록되어야 하며 기록과 함께 신장량의 관리 한계값에 대한 비교가 용이해야 한다.

(1) 필수 기재 항목

(a) 강연선 관리한계값

(b) 고정단 활동값

(c) 단계별 신장량 측정값

(d) 강연선 제원(단면적, 탄성계수, 곡률마찰계수, 파상마찰계수, 강연선 길이)

(e) 인장장비 제원(잭 손실값, 정착구 손실값, 잭 내 신장량값)

(f) 설계인장력값

(2) 신장량 관리표

신장량 관리에 대한 내용을 요약하면 다음 그림 3.8과 같다.

신장량 관리표

공 사 명 : ㅇㅇ~ㅇㅇ간 건설공사 1공구

교 량 명 : 　　　　　　　　시 험 일 자 : 2006년 ㅇ월 ㅇ 일

PIER (or SPAN) NO : 　　　　　　　　마찰계수 (μ): 0.2

CABLE NO : 　　　　　　　　파상마찰계수(k) : 0.0018

인장 측정량

kgf/㎠	SIDE A				SIDE B				총인장량	하한선	상한선	비고
	읽음치	단계별 인장량	인장량		읽음치	단계별 인장량	인장량					
0	0	0	0		0	0	0		0	0	0	
100	121	0	23	-1	95	0	0		23	22.6	25.0	
200	144	23	46	-1	96	1	1		47	45.3	50.0	
256	156	12	58	0					58	58.0	64.1	
256	156								58	58.0	64.1	
300	160	4	62	0	99	3	4		66	67.9	75.1	
400	183	23	85	0	100	1	5		90	90.5	100.1	
500	205	22	107	0	102	2	7		114	113.2	125.1	
512	210	5	112		103	1	8		120	115.9	128.1	

초기 보정치 (SIDE A) : 23 　　　　초기 보정치 (SIDE B) : 0

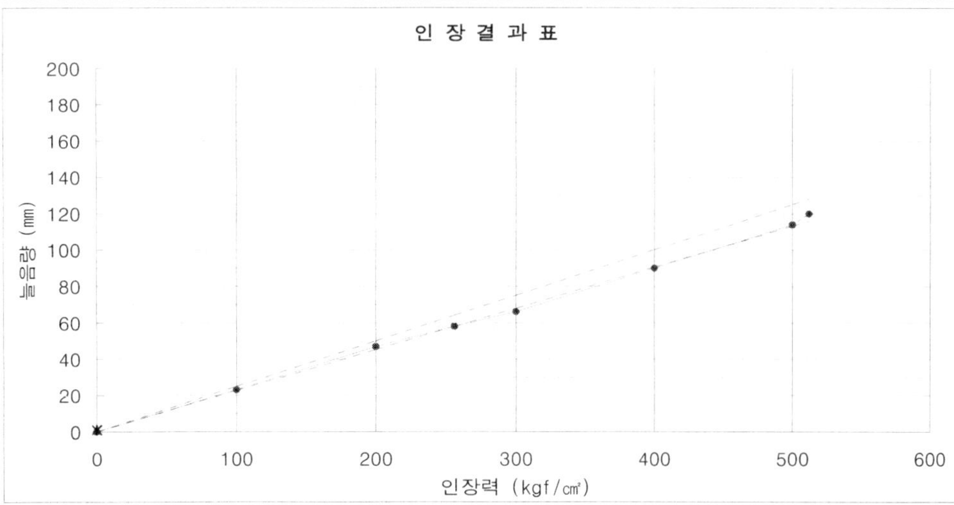

측정 신장량 :	120 mm	강연선 길이 :	53.234 m
지시 신장량 :	114 mm	설계인장력 :	434.825 tonf
잭내 신장량:	8 mm	Jack Loss :	1.0 %
고정단 seating :	3 mm	Anchorage Loss :	3.4 %
신 장 율 :	98.4 %	강연선단면적:	30.514 ㎠
		탄성계수:	2000000 kgf/㎠

시험자:	확인자:	감독원:

그림 3.8 **신장량 관리표 예**

3.4 합리적인 마찰계수값의 적용

3.4.1 개요

앞서 언급하였듯이 프리스트레스트 콘크리트 구조물에 삽입되는 긴장재의 긴장작업 시 신장량 및 긴장력의 계산과 관리는 핵심적인 사항이며, 이때 마찰계수는 계산결과에 큰 영향을 미치게 된다. 콘크리트표준시방서(2009)에 의하면 마찰계수는 현장에서 시험을 실시하여 구하는 것을 원칙으로 하지만, 현장여건상 시험을 실시하기 어려운 경우가 많아 대부분 설계기준의 값들을 참조하고 있다. 그러나 실무에서 적용했던 마찰계수는 그간 많은 변동이 있었으며, 국내외 설계기준에 제시되거나 각 프리스트레싱 관련 업체에서 자체적으로 사용하던 마찰계수도 서로 간에 차이가 클 뿐더러 범위로 표현된 경우가 많아 실무자들에게 혼란을 주어 왔다. 예를 들어, 파상마찰계수의 경우 국내 콘크리트구조기준(2012) 및 도로교설계기준(2010)과 미국 AASHTO 시방서(2002, 2010)를 비교해 보면 최대 10배까지도 차이가 발생하고 있다. 실제 교량 설계도서나 긴장관리 기록을 살펴보면 교량마다 마찰계수의 가정값이 다르고, 같은 교량에서조차 제원이 같은 긴장재와 쉬스임에도 불구하고 명확하지 않은 구분에 따라 서로 다른 마찰계수를 적용하는 등 일관성이 없는 경우가 많다. 또한 실제 긴장작업 시 신장량의 예측값과 측정값의 차이가 허용오차(국내의 경우 보통 ±5%)를 초과하면 마찰계수값을 조정하여 오차범위 내에 들어오도록 하는 경우가 많은데, 조사결과 특히 파상마찰계수값을 설계값보다 작게 조정하는 경우가 많았다(한국도로공사, 2008). 이는 설계 시 가정되는 파상마찰계수값이 다소 과대평가되고 있을 가능성을 시사하고 있다.

추정된 마찰계수값이 실제 값보다 크건 작건 이러한 차이는 실제 도입된 긴장력과 계산된 긴장력의 차이를 가져온다. 이는 결국 계산된 응력의 오차에 의해 긴장 시 또는 사용 시 균열발생 등의 문제를 일으키거나 강연선의 개수 또는 직경이 실제 필요한 수준보다 과다 또는 과소할 여지를 발생시킨다. 이러한 문제점에 대응하고자 그간 국내에서도 몇몇 관련 연구가 수행되어 왔으나(문제길 등, 1997 ; 박영하 등, 2003, 2004 ; 전세진 등, 2009 ; 정배근 등, 2000) 아직까지 일관성 있는 결과를 얻지는 못한 상태이다.

최근에는 국내의 콘크리트구조기준에 큰 영향을 미치고 있는 미국의 ACI 318-11(2011)에서 긴장재 종류별로 곡률마찰계수 및 파상마찰계수의 값이 제안되었던 표를 모두 삭제하는 한편 마찰손실의 계산식 또한 삭제하는 큰 변동이 있었다. 이는 긴장재의 종류나 시공조건에 따라 마찰계수의 값이 워낙 다양하게 나타나므로 이를 설계기준상에 일괄적으로 정의하기 어렵다는 점을 반영한 것으로 볼 수 있다. 또한 이를 통해 기본적으로 마찰손실은 현장에서 시험을 실시하여 구하도록 유도하고, 또한 설계자들에게 마찰손실 계산식에 있어 좀 더 폭넓은 선택권을 주는 방향으로 진행되고 있는 추세이다.

3.4.2 설계기준상의 마찰계수값

국내외의 설계기준을 살펴보면 마찰계수값은 긴장재의 종류, 쉬스 또는 덕트의 종류, 긴장재의 표면 상태 등에 따라 차이를 두고 있다. 표 3.3에는 가장 보편적으로 사용되고 있는 아연도금된 금속 쉬스 내에서 부착되는 강연선에 대해 적용되는 국내외 설계기준상의 마찰계수값이 비교되어 있다. 곡률마찰계수의 경우 일본 기준에서 0.30의 비교적 큰 값을 적용하고 있는 것을 제외하면 대체로 0.15~0.25의 범위이고 0.20 정도의 값을 추천하고 있다는 점에서 유사성이 있다. 반면, 파상마찰계수는 설계기준별로 차이가 매우 크다는 특징이 있는데, 캐나다 도로교, BS 및 일본 기준은 값이 비교적 큰 반면 AASHTO, PCI 및 캘리포니아 기준은 값이 0.00066으로 매우 작고 PTI, Eurocode, CEB-FIP 기준은 그 중간 정도의 수준이다. 국내 기준 및 ACI 기준은 파상마찰계수를 매우 큰 범위로 명시하고 있어 그 수준을 한마디로 언급하기 어렵지만 상한값을 기준으로 하면 설계기준들 중 가장 값이 크다. 일부 미국 기준들에 제시된 0.00066이라는 매우 작은 파상마찰계수값은 유연한 재질의 덕트에서 어느 정도 강성이 있는 덕트로 발전해가는 당시 상황을 반영한 Bezouska(1971)의 연구에 기인한 바가 크다고 생각된다. 일부 기준(BSI, 1997 ; PTI, 2006)에 반영되어 있는 바와 같이 유연한 덕트보다는 강성 있는 덕트의 파상마찰계수값이 적게 산출되기 때문이다. 그러나 0.00066이라는 파상마찰계수는 후속 연구에서 도출되거나 실측 시 관찰되는 값에 비해 지나치게 작다는 비판을 받기도 하였다.

표 3.3 마찰계수값의 비교 (아연도금된 금속 쉬스)

설계기준	파상마찰계수 k (/m)	곡률마찰계수 μ(/radian)
콘크리트구조기준(2012)	0.0015~0.0066	0.15~0.25
도로교설계기준(2010)	0.0015~0.0066	0.15~0.25
ACI 318-08(2008)	0.0016~0.0066	0.15~0.25
ACI 318-11(2011)	미제시	
AASHTO Standard Specifications(2002)	0.00066	0.15~0.25
AASHTO LRFD(2010)	0.00066	0.15~0.25
PCI Bridge Design Manual(2003)	0.00066	0.20
PTI Post-Tensioning Manual(2006)	0.0010~0.0023 (추천값 : 0.0016)	0.14~0.22 (추천값 : 0.18)
Prestress Manual(California, 2005)	0.00066	0.15, 0.20, 0.25, 기타 (긴장재 길이 관련)
Canadian Highway Bridge Design Code(2006)	0.003, 0.005 (덕트의 직경 관련)	0.20
BS 8110(1997)	0.0033 이상	0.20, 0.25, 0.30 (강연선 및 덕트의 녹슨 상태 관련)
Eurocode 2(2002)	0.00095~0.0019	0.19
CEB-FIP Model Code(1993)	0.00095~0.0019	0.19
일본콘크리트표준시방서(2007)	0.004	0.30
일본도로교시방서(2002)	0.004	0.30

제 4 장 그라우트 시공

4.1 개요

프리스트레스트 콘크리트는 콘크리트의 압축강도를 매우 효율적으로 활용하는 건설 방식으로 신뢰성이 높고 내구성이 우수한 구조형식으로 인정받고 있다. 그러나 1990년대에 영국을 시작으로 몇몇 프리스트레스트 콘크리트 구조물의 그라우트가 적절히 시공되지 못한 사례가 발견되었고, 이후 물리적인 덕트 내부 조사를 포함한 방대한 조사가 주로 교량을 대상으로 이루어졌다. 조사결과 구조적인 성능저하는 아주 적은 수의 교량에서만 확인되었고, 대부분은 그 원인이 설계 상세, 작업자의 미숙 또는 재료가 원인으로 밝혀졌다. 대부분의 교량에서는 보수조치가 수행되었으며, 이러한 결과를 바탕으로 각국에서 그라우트에 대한 시공절차 및 시방규정이 개정되기 시작했다.

1998년에는 FIP에서 1990년에 출간된 『Guideline for grouting』을 개정하기 시작했으며, 이후 FIP와 CEB가 합병된 FIB에서 2002년 『Grouting of tendons in prestressed concrete』가 출간되었다. 영국에서는 4년에 걸친 연구조사 결과로 Concrete Society Report TR47 『Durable post-tensioned concrete bridges』가 1996년에 출간되었다. 이 보고서에는 그라우트의 품질을 향상시킬 수 있는 새로운 시방규정과 작업절차가 수록되었다. 미국에서는 2001년 Post Tensioning Institute에서 재료와 시험 요구조건 등을 개

선한 『Specification for grouting of post-tensioned structure』를 출판하였다. 또한 유럽에서는 그라우트와 그라우팅 공법을 포함하는 포스트텐셔닝 시스템의 인증을 위한 European Technical Approval Guideline(ETAG)가 발표되었다.

이러한 개선안에서는 확실한 방수층, 밀실하고 침투가 불가능한 콘크리트, 수밀성이 있는 덕트, 고품질 그라우트 등 다수의 보호층으로 강재의 부식을 방지해야 한다는 방안이 강조되었으며, 설계 상세와 우수처리방안도 매우 중요한 항목으로 논의되고 있다.

현재 ISO 14824 "Grout for prestressing tendons"의 제정이 논의되고 있으며 빠른 시일 내에 제정이 완료되어 국내에 도입될 것으로 예상된다. 이 매뉴얼에서는 새로 제정되고 있는 ISO/DIS 14824 draft 2011(이하 "ISO 14824"라 칭함.)의 내용을 참고하였다.

4.1.1 목적 및 적용 범위

일반적으로 그라우팅은 포스트텐션 방식의 프리스트레스트 콘크리트 구조물에서 PS 긴장재의 부식을 방지하고, PS 긴장재와 주변의 콘크리트가 부착될 수 있도록 PS 긴장재와 덕트(쉬스) 사이의 공간에 시멘트가 주를 이루는 재료를 충분히 주입하는 작업을 의미한다. PS 긴장재를 부식으로부터 보호하기 위해서는 그라우팅재에 강재의 부식인자를 포함하지 않도록 해야 하며, 외부로부터 공기, 물 또는 염분 등 부식성 물질의 침입을 방지할 필요가 있다. 또한 PS 긴장재의 부식이 진행되는 경우에는 긴장된 PS 긴장재의 파단 가능성이 있기 때문에 덕트에 그라우팅재를 완전히 충전하여 공극이 없도록 해야 한다. 따라서 프리스트레스 도입 후 가능한 빠른 시기에 그라우팅 주입작업을 수행하는 것이 중요하며, 그 이유는 ① 조기에 PS 긴장재의 부식을 방지하고, ② 정착부의 응력부담을 경감하고, ③ 덕트 내 잔류수의 동결에 의한 균열발생을 방지할 수 있기 때문이다.

그러나 이는 부착식 긴장재에 대한 그라우트의 좁은 의미의 정의라고 할 수 있다. 그라우팅은 비부착 긴장재에서도 수행될 수 있으며 구조물과의 부착이 필요 없는 외부 긴장재에서도 수행될 수 있다.

앞서 언급했듯이 그라우트의 역할은 긴장재를 부식으로부터 보호하고 부착식 긴장재에서 PS 긴장재와 콘크리트 부재의 부착성능을 제공하는 것이므로, 오랜 기간 동안 보호수단으로 역할을 수행하려면 그라우팅은 덕트를 완벽하게 채워야 한다. 따라서 이 장에서는 이러한 목적을 달성하는 데 도움이 되는 내용을 수록하였다.

이 장은 시멘트 그라우트를 이용해서 덕트 내부의 포스트텐셔닝된 PS 긴장재를 그라우팅하는 공정을 다루었다. 덕트 내부 주입에 대한 내용은 내부 긴장재나 외부 긴장재 모두를 다루었으며, 일부 원칙은 사장교 케이블이나 지중 앵커에도 적용이 가능하나 이 장에서는 내부 긴장재와 외부 긴장재 외에는 다루지 않았다.

앞서 서술했듯이 세계 각국에서 확인된 바에 따르면, 지금까지 기존의 방법으로는 몇몇 구조물에서 소기의 목적을 이루지 못했음이 확인되었으며, 그 크기에는 차이가 있지만 덕트 조사에서 공극이 발견된 경우도 있었다. 이에 대한 조치로 공급자나 감독자는 새로운 시스템, 시험이나 절차를 도입하기도 했으며, 따라서 이 장에서는 내구성능을 향상시킬 수 있도록 이러한 내용을 설명하고자 한다(그림 4.1 참조).

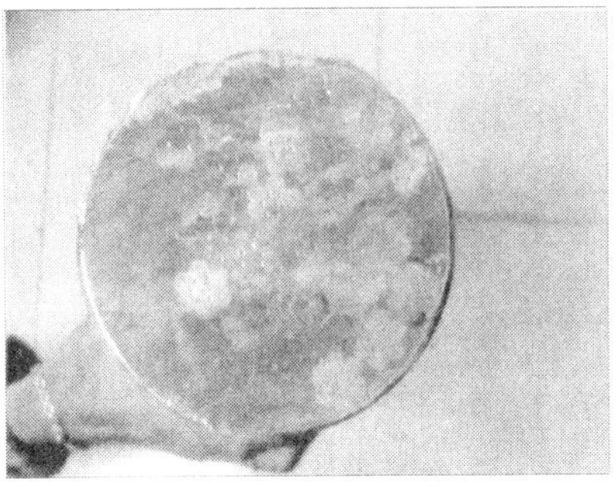

(a) 덕트의 건전한 채움 상태

(b) 그라우트 시공 실패로 인한 긴장재의 부식

그림 4.1 **덕트의 그라우팅**(VSL, 2011)

4.1.2 새로운 시스템

강재 덕트가 영구적으로 수밀성을 갖는 부식방지 역할을 수행하지 못할 수 있다는 사실이 밝혀진 후, 많은 포스트텐셔닝 시스템 공급자들은 추가적인 보호역할을 제공하기 위해 플라스틱 덕트를 도입하였다. 덕트의 연결부가 적합한 수밀성을 갖고 있고, 충분한 두께를 갖는 폴리에틸렌이나 폴리프로필렌 덕트를 사용한다면 프리스트레싱 강재의 부식을 방지할 수 있다.

그라우트는 내부 긴장재의 경우에 콘크리트 피복과 방수층(적용 가정 시)과 함께 부식을 방지하며, 덕트는 추가적인 보호층을 제공하도록 설계되어 있다. 외부 긴장재의 경우에는 검사가 비교적 용이하므로 위험도를 감소시킬 수 있으며, 일반적으로 한 개의 보호층만을 고려한다. 그러나 단일층만으로는 신뢰하기 어렵기 때문에 복수의 보호층을 갖는 방법이 추천되며 많은 나라에서는 이러한 개선된 설계 상세가 추천되고 있다.

어떤 경우에는 완전히 플라스틱으로 둘러싸여 전기적으로 절연된 긴장재(electrically isolated tendon)로 추가적인 보호를 하기도 하며, 외부 긴장재를 위한 일부 비부착식 긴장재의 경우 덕트 내부에 왁스나 그리스를 주입하기도 하는데 이 장에서 이러한 방식은 다루지 않았다.

4.1.3 새로운 요구조건

기존의 전형적인 그라우트는 현장에서 배합되는 일반 시멘트, 물, 그리고 혼화제로 구성되어 왔다. 이런 구성은 기본적으로 사용성이 확보된 그라우트 배합을 제공하거나 활동성 알칼리 부식 방지 역할을 제공할 수는 있었으나, 현장에서 물과 시멘트 및 혼화재료가 혼합되는 그라우팅은 항상 균일한 성질을 가지고 있지는 않다. 이러한 현상은 다양한 재료, 배합의 비균질성, 작업자의 변경, 날씨조건 등의 요인에 기인하여 발생할 수 있다. 그라우팅은 과도한 블리딩수에 의해 골재분리 및 공극이 발생하기도 한다.

이러한 그라우팅 품질의 차이 및 공극 등의 문제를 해결하기 위한 노력의 일환으로 최근에는 공장에서 성분이 조정된 시멘트와 혼화제가 규정대로 배합 생산된 Pre-bagged 그라우팅을 개발하여 우수한 품질관리를 실시한 사례가 있다. Pre-bagged 그라우팅에서 모든 구성재료는 건조상태로 제조공장에서 철저한 관리 하에 배합 및 제조된다. 이를 통해 블리딩을 적절히 제어할 수 있으며, 현장에서는 단지 적정량의 물을 추가하여 배합하게 된다. 이는 엄격한 설계기준에 따라 시험되고 공인된 그라우트 제품이 좀 더 좋은 품질을 얻을 수 있다는 것을 알게 되었기 때문이며, 이는 흔히 특수 그라우트라고 부르는 개선된 품질의 그라우트 제품을 의미한다.

이처럼 그라우팅 관련 시험 절차와 방법은 최근 개발되고 개선되었으며, 이런 지침들은 최고의 품질과 적합성을 갖춘 그라우트를 생산하기 위해 현존하는 최고의 기술들을 수록하고 있다. 세계적으로 새로운 시험법이 발표되고 있으며 승인을 위한 한계값이 일반적으로 더욱 엄격해졌다.

또한 그라우트의 설계는 반드시 장비와의 적합성을 고려해야 하며, 작업의 성공을 위해서는 그라우트를 수행하는 인력에 대한 훈련이 반드시 필요하다.

4.2 그라우트 재료

4.2.1 시멘트

그라우트에 사용되는 시멘트는 적용 국가 규격에 부합하는 보통 포틀랜드 시멘트여야 한다. 국내에서는 KS L 5201 "포틀랜드 시멘트"에 적합한 시멘트를 사용하도록 규정되어 있다.

국내에서는 시멘트 자체의 염화물 함유량은 규정되어 있지 않고 그라우트 전체에서 염소이온의 총량을 규정하고 있다. 참고로 유럽 규격에서는 시멘트 자체에 대해서 $Cl^- < 0.05\%$, $S^{2-} < 0.01\%$ 등이 규정되어 있다. 그러나 이는 각국의 환경조건에 따라 변화되는 값이므로 적용 국가의 규격이 우선해야 한다. 이 외에도 일반적으로 적용할 수 있는 사항은 다음과 같다.

(a) 굳은 덩어리가 있으면 안 된다.
(b) PS 긴장재에 악영향을 줄 수 있는 어떤 성분도 함유하면 안 된다.
(c) 시멘트는 이상 응결반응을 보이면 안 된다.

시멘트는 외국에서는 보통 50kg 또는 25kg의 포장에 ±1%의 중량 공차를 허용하나, 국내 KS L 5201에서는 40kg의 포장을 원칙으로 하며 3% 이상 미달하지 않도록 규정되어 있다.

시멘트는 규정된 포장으로 팔레트 위에 포장되어 배달되어야 하며, 수분과 습기로부터 보호될 수 있는 건조한 장소에 보관해야 한다. 그라우트의 일정한 품질관리를 위해서 공칭 블레인 비표면적을 사용하여 특별한 크기의 시멘트를 정의할 수도 있으며, 화학적·물리적 조성비의 변화는 그라우트 품질에 큰 영향을 줄 수 있으므로 주의해야 한다.

그라우트에 사용되기 이전까지 재령을 관리하기 위해서 시멘트의 생산일자가 모든 포장에 인쇄되어 있어야 한다. 시멘트 특성은 재령에 따라 변화하므로 저장기간을 연장하는 경우에는 주의가 필요하다.

4.2.2 물

물은 PS 긴장재나 시멘트 그라우트에 해로운 성분을 갖고 있어서는 안 된다. 국내 콘크리트표준시방서에서는 혼합수에 의해 콘크리트에 공급되는 염소이온량을 0.04 kg/m^3로 가정하나, 이는 규제량이 아니며 콘크리트 중에 있는 전체 염화물량을 산정할 때 사용하는 값일 뿐이다. 국내 규정은 콘크리트 전체에 있는 염화물량을 규제하기 때문이다. 그러나 ISO에서는 ISO 12439를 따르도록 되어 있으며, 유럽 규격으로는 물 1리터당 Cl^- 300mg 이상, 또는 SO_4^{2-} 200mg 이상을 함유하지 않고 유기물은 전혀 없어야 한다고 규정하고 있다.

일반적으로 공용 수도로 공급되는 음용수는 사용이 가능하다. 공용 음용수가 불가능한 경우 화학성분 검사를 받아야 하며 물은 해당 국가 규격에 부합되어야 한다.

4.2.3 혼화제

그라우팅재의 종류는 일반적인 시멘트와 물에 추가되는 혼화재료, 즉 혼화제에 따라 구분된다.

1) 혼화제의 효과

그라우트의 품질과 작업성은 사용되는 그라우팅용 혼화제에 따라 변화하게 되므로 성능이 입증되고 적용 규격에 부합되는 혼화제가 사용되어야 한다. 현재 일반적으로 사용하고 있는 그라우팅용 혼화제의 효과는 다음과 같다.

(a) 감수효과 및 유동성 확보: 감수제에 의해 소정의 물-시멘트비에서, 또는 감소된 물-시멘트비에서도 적당한 유동성을 확보한다.

(b) 경화시간의 조정(주로 지연효과) : 그라우트의 유동성을 장시간 확보하고 충전효율, 작업성의 향상을 도모한다.

(c) 팽창률의 조정 : 블리딩이 발생하는 경우에는 주입완료 후 그라우트가 팽창되는 현상에 의해 그라우트 내의 블리딩수가 덕트의 외부로 배출된다. 이를 위해 일반적으로 알루미늄 분말을 사용한다.

(d) 블리딩수의 감소 및 제거 : 그라우트 중의 유리수로서의 블리딩수가 감소하거나 또는 발생하지 않아 덕트 내 그라우트의 블리딩률이 감소하고 충전율이 향상된다.

(e) 점성의 조정 : 그라우트의 점성을 조정함에 따라 상하로 각 변화가 있는 덕트의 하강부분의 저면으로 흐르는 것을 개선할 수 있다. 또한 공극률의 감소로 덕트의 주입저항을 경감할 수 있다.

(f) 고압 그라우팅에서 골재분리 방지

(g) 그라우트의 안정성 확보

혼화제는 다음과 같은 추가적인 성능을 제공하기도 한다.

(a) 응결 촉진

(b) 건조수축 보상을 위한 팽창성

(c) 응결 중 공기를 연행하여 동결융해 저항성 향상

(d) 딕소트로피(thixotropy)

(e) 부식 방지

그러나 일부 시험에서 부식방지효과에 대해서는 그 효능이 확실하지 않았으며, PS 긴장재를 포함한 시험에서 그 효능을 확인하는 것을 추천한다.

2) 혼화제의 종류

일반적으로 사용하는 혼화제의 종류는 다음과 같다. 크게 감수제, 유동화제, 안정제 그리고 지연제로 나눌 수 있으며 각각 다음의 성능을 향상시킬 수 있다.

(a) 감수제

가능한 한 작은 물-시멘트비에서 소정의 유동성을 확보하기 위해서는 감수제를 사용하게 되며, 특히 최근에는 감수효과가 높은 고성능 감수제도 광범위하게 사용되고 있다. 감수제의 다른 특성으로서 팽창효과, 블리딩 방지효과, 고점성효과 등의 성질을 겸한 혼화제가 사용될 수 있다. 감수제의 사용 시 강재에 유해한 영향을 주는 염화칼슘 등의 성분을 포함한 것은 사용하지 않도록 주의한다.

(b) 팽창제

일반적으로 팽창제로 사용하는 성분으로는 알루미늄 분말이 있으며, 통상 시멘트 중량의 0.005~0.015% 정도를 사용한다. 이러한 배합에서 팽창률은 3~7% 정도가 된다. 이러한 알루미늄 분말이 시멘트 페이스트 중의 알칼리 성분과 반응하여 수소가스가 발생하는 현상에 의해 그라우트가 팽창하게 된다. 따라서 이러한 반응이 너무 빨리 진행되어 그라우트 주입 작업 전에 끝나버리거나 또는 반대로 지연되어 그라우트의 경화 후에 발생하게 되면 그라우팅용 팽창제의 목적을 달성할 수 없게 된다. 그러므로 재료적인 면으로는 분말도, 성분입자 형상 등이 적절한 것을 사용하고, 시공적인 면으로는 알루미늄 분말의 투입시기, 수량 등에 주의해야 한다. 특히 기온이 높은 하절기에는 알루미늄 분말의 발포현상이 현저하게 빨리 진행되기 때문에 특별한 피막처리를 한 알루미늄 분말을 사용하는 등 팽창현상의 지연 대책이 필요하다.

표 4.1 **혼화제 기능별 그라우팅의 종류(일본 사례)**

그라우팅 종류	혼화제의 기능	보충 설명
블리딩 팽창형	감수형	• 알루미늄 분말을 미리 섞음 • 팽창률 조절 가능
저블리딩 팽창형	고성능 감수형	• 블리딩이 감소하고 기온 및 그라우팅 온도가 25℃ 미만일 때 사용 • 팽창률 조절 가능
저블리딩 팽창지연형	고성능 감수형	• 기온, 그라우팅 온도가 25℃ 이상일 때 사용 • 상온 시에도 팽창을 지연시키는 경우 사용 • 팽창률 조절 가능
블리딩 방지 비팽창제	고성능 감수형 점성형	• 알루미늄 분말을 포함하지 않고 수축이 대부분 (−0.05~0%)
블리딩 방지 팽창제	고성능 감수형 점성형	• 특수 알루미늄 분말의 사용으로 팽창 개시시간 지연

혼화제 성분으로는 티오시안산염, 아질산염, 질산염, 포름산염, 그리고 황산염과 같은 프리스트레싱 강재에 악영향을 줄 수 있는 어떤 성분도 포함하고 있어서는 안 되며, 참고적으로 유럽 규격에는 다음의 요구사항을 규정하고 있다.

- Cl^- < 0.10% (분말 혼화제 중량)
- Cl^- < 1.0g/l (액체 혼화제)
- pH는 생산자가 규정한 범위 내에 있어야 한다.
- 건조 추출물: 규정된 값에서 ±5%의 범위

혼화제는 봉지나 용기에 포장되고 생산자의 사용설명과 생산정보, 안전자료 등이 명시된 공장배합 포장이어야 한다.

지연제는 그라우트의 응결을 지연시키며, 아주 긴 덕트를 그라우팅할 때 유용하다. 메탄올이나 글리콜을 사용하면 응결과정에서 동결융해 저항성을 가질 수 있으나, 강도의 저하를 일으킬 수 있으므로 응결, 재료분리, 블리딩과 같은 문제를 발생시킬 수 있다. 다양한 성분의 제품에 대한 호환성과 적합성 검토가 수행되어야 한다. 또한 혼화제의 유효기간을 넘기지 않도록 주의해야 한다.

4.2.4 그라우트 성능

시멘트 그라우트는 그라우트 내에 존재하는 모든 재료를 고려해서 설계되어야 한다. 국내에서는 콘크리트표준시방서(2009) 및 도로교표준시방서(2013)에 그라우트 중에 함유되는 염화물 이온의 총량이 시멘트양의 0.08% 이하여야 한다고 규정되어 있다. ISO 14824에서는 시멘트양에 대해서 다음과 같이 규정되어 있다.

- Cl^- < 0.10%
- SO_3 < 4.5%
- S^{2-} < 0.01%

아직 ISO 14824가 제정 완료되지는 않았지만, 제정이 완료된다면 국내 시방에서도 이에 대한 적용 여부를 결정해야 하므로 향후 이에 대한 조정이 필요할 것으로 판단

된다.

또한 그라우트는 다음의 성능을 확보하도록 규정되어 있다. 각 성능이 규정된 KS 및 ISO 규격은 시간에 따라 개정되기도 하고, 또한 여러 조건이 함께 명시되어 있으므로 자세한 시험법이나 규정에 대해서는 각 규격을 참조해야 한다.

(a) 유동성

ISO 14824에서는 생산자가 규정한 온도범위에서 ISO 14824-3에 규정된 콘을 통과하는 유하시간이 25초 이하로 규정되어 있다. 딕소트로피 그라우트에는 일반적인 것과는 다른 유하시간과 시험법이 적용된다.

그러나 국내에서는 KS F 2432 "주입모르타르의 컨시스턴시 시험 방법"에서 내경 70~10mm, 길이 450mm의 콘에 대해 유하시간을 6~12초로 정의하였으며, KS F 4044 "수경성 시멘트 무수축 그라우트"에서는 내경 178~12.7mm, 길이 303.1mm의 콘에 대해 60초 이내의 유하시간을 정의하는 등 유사 규격이 혼재되어 있다. 향후 ISO가 제정되면 조정이 필요할 것으로 예상된다.

(b) 유동성 관리

ISO 14824에 따르면 그라우트가 생산된 후 최소한 30분 동안 유하시간이 25초 이하로 유지되어야 하며, 생산자가 지정하거나 설계자가 규정한 시간 동안 유지되어야 한다. 또한 이 시간 동안 유하시간의 변화는 20%가 넘으면 안 된다. 그러나 국내 규정에는 특별히 언급된 바가 없다.

(c) 블리딩 요구조건

ISO 14824에 규정된 강선삽입 블리딩 시험(wick-induced test)과 경사부재 블리딩 시험(inclined tube test)에서는 3시간 동안 그라우트에서 발생한 블리딩수와 공기의 양이 0.3%를 넘으면 안 된다. 이 요구조건은 24시간까지도 동일하게 적용된다. 그리고 그라우트는 생산자가 규정한 온도범위 내에서 이러한 요구조건을 만족하게 설계되도록 규정되어 있다.

국내에서는 KS F 2433 "주입모르타르의 블리딩률 및 팽창률 시험 방법"에 따라 시험하고 측정된 블리딩률이 KS F 4044에서 0.5%를 넘지 않도록 되어 있다. 그러나 콘크리트표준시방서(2009)에서는 같은 시험법에서 블리딩률을 0%로 규정하고 있고, 도로교표준시방서에서는 가능한 한 0%에 가깝도록 규정하고 있다.

국내 KS F 2433의 시험은 그라우트만을 시험하므로 블리딩양이 적게 측정되나, ISO 14824의 블리딩 시험들에서는 실제 덕트 내부와 같이 강연선을 삽입하여 시험하므로 필터링 효과에 의해 블리딩이 가속화되며 다량의 블리딩수가 발생한다. 그러므로 일반 현장배합 그라우트의 경우에는 KS 시험에서 0%를 만족할 수도 있지만, ISO 14824의 0.3%를 만족시키기는 어려울 것으로 판단된다. ISO를 만족하기 위해서는 공장에서 배합되어 엄격한 품질 관리를 통해 생산된 Pre-bagged 그라우트가 추천된다.

(d) 재료 강도

이 조건은 지배적인 인자는 아니지만 일반적으로 다음의 지침을 따른다.

ISO 14824 draft 2011에서는 40×40×160mm 각주 시편에 대해서 28일 압축강도 30MPa, 28일 압축강도가 없다면 7일 압축강도 27MPa 이상을 규정하고 있다. 또한 일부 국가에서는 휨강도로 3MPa 이상을 요구한다.

국내에서는 KS F 2476 "폴리머 시멘트 모르타르의 시험 방법", KS F 2426 "주입 모르타르의 압축강도 시험법", KS L 5105 "수경성 시멘트 모르타르의 압축강도 시험 방법", KS F 4044 "수경성 시멘트 무수축 그라우트" 등에서 40×40×160mm의 각주 시편, 50×100mm의 원주 시편, 50×50×50mm의 입방체 시편 등이 혼재하고 있다. KS L 5105의 50mm의 입방 시험체는 ISO 679의 제정에 따라 국내에서도 KS L ISO 679 "시멘트의 강도 시험 방법"이 제정되어 2009년부터는 40×40×160mm의 각주 시편으로 변경되었으므로 향후 ISO 14824가 제정되면 40×40×160mm의 각주 시편으로 전체 규격이 통합될 것으로 예상된다. KS F 4044에서는 KS F 2476의 시험 방법으로 1일 7MPa, 3일 18MPa, 7일 24MPa, 28일 35MPa가 규정되어 있다.

(e) 응결시간

ISO 14824에서는 생산자가 지정한 온도 범위 내에서 초결시간은 3시간 이상이어야 하고, 종결시간은 24시간 이내로 규정되어 있으나, KS F 4044에서는 초결시간이 1시간 이상, 종결시간이 10시간 이내로 규정되어 있다.

(f) 체적변화

ISO 14824에서는 강선삽입 블리딩 시험에서 발생하는 체적변화가 초기 체적에 대해서 −1∼+5% 범위 내로 규정되어 있다.

국내에서는 KS F 2433 “주입 모르타르의 블리딩 및 팽창률 시험 방법”, KS F 2424 “모르타르 및 콘크리트의 길이변화 시험 방법”, KS F 2562 “콘크리트용 팽창재”의 부속서에 따라 시험할 수 있다. 그러나 그라우트만을 시험하기 때문에 그 변화량이 작고 측정이 어려워 KS F 2478 “시멘트 모르타르의 팽창 높이 변화 시험 방법”을 제정하였고, KS F 4044에서도 KS F 2478의 시험 방법에 따라 측정한 팽창 높이를 0.4% 이내로 규정하고 있다. 콘크리트표준시방서(2009)와 도로교표준시방서(2013)에서는 KS F 2433에 따라 팽창률을 측정하도록 하고 있으며, 비팽창성 그라우트에서 −0.5∼0.5%, 팽창성 그라우트에서 0∼10%로 규정하고 있다.

(g) 경사 부재 시험

ISO 14824에서는 그라우트 배합의 초기 승인을 위해서 경사 부재 시험을 수행하는데 투명관 내부에 PS 긴장재를 배치하고 그라우트를 주입한다. 블리딩양은 24시간까지 측정한다. 이 시험은 부재 안에서 그라우트의 재료분리가 발생하면 안 되며 블리딩이나 필터링에 의한 액체가 0.3% 이상이 발생하면 안 된다.

(h) 밀도 시험

시편의 밀도 변화가 5%를 넘으면 안 된다. 밀도는 그라우트의 품질의 지속성을 측정하는 중요한 요소이므로 규칙적으로 관찰해야 한다.

(i) 기타

일부 국가에서는 모세관 흡수율 시험, 압력 블리딩 시험, 부식 시험 등이 규정되어 있다.

4.2.5 품질관리

그라우트의 설계란 중요 요소에 대해서 규정된 유동학적, 화학적, 기계적인 성질을 만족하는 그라우트 배합을 결정하기 위해서 알맞은 시멘트와 혼화제를 선택하는 것을 의미한다. 추가적으로 각 재료의 생산에 대한 정기적인 품질과 균질성 관리가 필요하다.

예상되는 현장조건을 고려하여 제안된 그라우트 구성요소, 시스템, 제품을 사용하기 위해서는 항상 시험결과가 제출되어야 한다. 어떤 경우에는 일정 온도범위의 특정 현장을 위해 그라우트에 사용될 시멘트와 혼화제를 설계하기도 한다. 이런 경우에는 성능 요구조건이 동일한 이전 현장에서 입증된 이전 그라우팅 배합 설계를 사용할 수도 있으나, 어떤 경우에도 각 재료의 생산자는 품질보증계획을 세워 그라우트의 성능을 보증해야 한다.

그라우트의 품질을 보증하기 위해 FIB(2002)에서는 다음과 같은 관리방안을 제시하였다.

(a) 시멘트

시멘트의 균질성을 확인하기 위해서 화학성분 분석과 입도 분석이 필요하며 정해진 허용값 내에 있음을 입증해야 한다. 시멘트와 혼화제의 정확한 배합을 확인하기 위해서 포장단위에는 생산일자와 함께 중량이 표기되어야 한다.

(b) 혼화제

제품의 적합성을 확인하기 위해서 화학성분 분석이 제공되어야 한다. 정확한 배합 특성을 확인하기 위해서 포장된 제품의 품질관리가 필요하다. 액상 혼화제의 경우 건조 추출물의 무게가 관리되어야 한다.

(c) 그라우트

현장에서 제작되는 그라우트의 반복적인 품질관리를 위해 설계와 생산관리가 모두 필요하다. 위와 같은 관리를 위해서는 시멘트 생산자와 혼화제 생산자의 공동협업이 필요하며, 시멘트뿐만 아니라 혼화제도 같이 개발되어야 한다. FIB(2002)에서는 어떤 온도, 어떤 장비가 적용되는 현장이든 설계된 그라우트의 성능을 효과적으로 균일하게 보증하기 위한 최선의 방법으로 공장배합을 추천하고 있다. 그리고 모든 현장에서 그라우트의 품질은 그라우팅 작업에 사용하는 실제 장비를 사용해서 현장에서 검증되어야 한다.

4.3 시공 상세

여기에서는 그라우팅 작업과 관련하여 덕트, 주입구, 배출구, 벤트 등의 바람직한 시공 상세에 대해서 알아보고자 한다. 국내에서 사용되는 덕트의 크기 및 품질기준에 대해서는 2.3절을 참조하도록 한다.

4.3.1 덕트 배치

부착식 포스트텐셔닝에서 PS 긴장재는 구조물 내의 덕트에 배치된다. 덕트와 커플러는 물과 시멘트 페이스트가 들어오지 못하도록 밀봉되어야 하고, 그 형상을 유지하고 취급 시나 타설 시에 손상을 입지 않을 정도의 충분한 강성을 갖고 있어야 한다. 덕트 재료는 콘크리트, 긴장재 또는 그라우트와 어떠한 유해한 화학적인 반응을 해서도 안 되며, 덕트의 내부 표면은 긴장 중에 프리스트레싱 강재와 덕트 사이의 마찰을 최소화할 수 있어야 한다.

비부착식 포스트텐셔닝(대부분 외부 긴장재이지만 슬래브를 위한 내부 긴장재도 포함)에서 덕트 또는 쉬스는 포스트텐셔닝 강재의 주된 부식방지층이며, 이러한 시공이 실시되는 주변 특수 환경에서 발생할 수 있는 물리적인 손상이나 화학적 손상에도 저항할 수 있어야 한다.

4.3.2 덕트의 종류

1) 주름 강재 덕트

대부분 일반적으로 사용되는 강재 덕트는 강재 띠로 만들어진 중간 강성 냉간 가공 주름 덕트를 의미한다. 수년 동안 표준적으로 사용되어 왔고 상당히 많은 실적을 갖고 있다. 이러한 덕트는 주름의 형상, 강재 띠의 두께, 제작방법에 따라 여러 종류가 있다. 주름은 충분한 부착력을 제공하고 강연선과 그라우트를 보호하는 역할을 한다.

유럽 EN 523이나 미국 PTI Guide specification 등 각국에서는 서로 상이한 강재 띠의 두께를 규정하고 있다. 그림 4.2는 EN 523에 수록된 유럽 규격으로 강재 띠의 두께는 작은 긴장재에서 0.2mm, 큰 긴장재에서 0.6mm까지 변화한다. 미국 Federal Highway Administration의 “Post tensioning tendon installation and grouting manual”에서는 직경 66mm 이하에서 0.45mm, 그 이상에서는 0.6mm의 최소 두께를 규정하고 있다.

그러나 국내에는 현재 덕트 관련 규격이 없으며, 단지 KS D 3506 “용융 아연 도금 강판 및 강대”에서 덕트의 재료가 되는 아연도금 강판에 대해서만 규정하고 있다. 두꺼운 강재 두께는 덕트의 강성을 증가시키며 강연선 설치와 콘크리트 타설 시에 손상을 입지 않도록 도움을 줄 수 있지만, 너무 두꺼운 두께는 덕트의 곡선 배치 시 작업성이 떨어지므로 적절한 두께의 적용이 필요하다. 덕트의 두께 및 형상, 직경은 각 포스트텐셔닝 시스템 공급자가 자체 공급시방에 따라 공급하는 것을 원칙으로 한다.

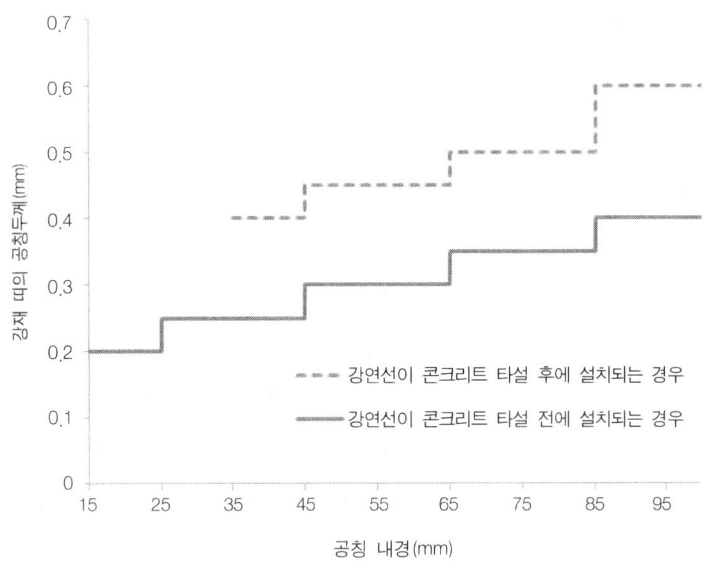

그림 4.2 **강재 띠 두께와 덕트 내경의 예(BS EN 523, 2003)**

휨 저항성, 측압 저항성, 인장강도 그리고 수밀성 등의 강재 덕트의 특성은 EN 523, EN 524 또는 PTI "Acceptance standards for post tensioning system" 등에 수록되어 있으나 외국 규격이 국내 덕트 규격과는 상이하여 적용이 불가능하다. 국내에서는 KS에 따로 규정된 시험은 없으나 콘크리트표준시방서(2009)에서 쉬스의 품질검사 기준이 규정되어 있다. 외압 저항력 시험, 주입 시험 등이 있으며 실적이 있고 품질이 보증되는 제품에 대해서는 시험을 생략하도록 되어 있다.

2) 주름 없는 강재 덕트

FIB(2002)에서는 직경 50mm 및 2.0~5.0mm의 두께를 갖는 주름이 없는 강재 파이프를 정의하고 있으며, 이는 원자력발전소 격납건물, LNG 저장탱크나 다른 탱크에서 수직덕트와 같은 특수한 경우에 사용된다. 덕트가 용접되는 경우에는 3.0mm의 최소 두께가 추천된다.

두께를 증가시킨 주름 없는 강재 파이프가 사용되는 이유는 다음과 같다

(a) 설치와 콘크리트 타설 시 빈 덕트의 변형이나 처짐을 피하기 위해

(b) 높은 그라우트 압력에 견뎌야 하거나 외부 긴장재의 경우에, 특히 긴 수직덕트나 일반 압력보다 큰 압력이 예상되고 구조물의 콘크리트 피복이 얇은 경우

(c) 특별한 주위 환경에 의한 덕트의 손상을 방지하기 위해서, 즉 덕트 주위에서 용접작업이 있는 경우

(d) 매우 큰 곡률을 갖는 영역

3) 주름 플라스틱 덕트

FIB(2002)에서 폴리에틸렌(PE) 또는 폴리프로필렌(PP)으로 된 주름 플라스틱 덕트는 작은 덕트에서 최소한 1.0mm의 두께를 갖고 있어야 하며, 큰 긴장재에서는 두꺼워지도록 규정하고 있다. 미국 FHA의 지침에서는 최소 2.0±0.25mm로 규정되어 있다.

내부 부착식 포스트텐셔닝을 위한 주름 플라스틱 덕트는 최근에 더욱 대중화되고 있으며 FIB(2002)는 그 적용을 권장하기 위해 별도의 지침을 발표했다. 최소 곡률반경, 최소 두께, 리브형상 등 주름 플라스틱 덕트에 대한 상세는 덕트 공급자에 따른다.

4) 주름 없는 플라스틱 덕트

FIB(2002)에서 폴리에틸렌 또는 폴리프로필렌으로 된 주름 없는 플라스틱 덕트는 직경 16~18mm 및 4~10mm의 두께로 외부 프리스트레싱에 사용된다. 그라운드 앵커나 개별 쉬스를 갖는 모노 스트랜드와 같은 특별한 경우에는 두께 1.0~2.0mm의 주름 없는 플라스틱 덕트가 사용된다.

상세한 지침은 FIB Bulletin No. 7(2002)에 수록되어 있다.

4.3.3 덕트의 직경

부착식 포스트텐셔닝을 위한 덕트는 긴장재가 잘 설치되어야 하며 콘크리트 구조물과의 부착뿐만 아니라 요구되는 부식방지 기능을 충분히 발휘할 수 있어야 한다. 이를 위해서는 그라우트가 완벽히 채워질 수 있을 정도의 충분한 단면적을 갖고 있어야 한다.

그러므로 덕트의 내경은 PS 긴장재의 단면적에 따라 달라진다. 덕트의 단면적은 프리스트레싱 시스템 공급자의 시방에 따르는 것이 원칙이며, 일반적으로 PS 긴장재 실제 단면적의 2.5배 정도가 되어야 한다. 긴장재의 길이와 배치형태, 그리고 설치방법에 따라 면적비는 2.0까지 작아질 수도 있다. 국내 콘크리트표준시방서에서는 최소 단면적의 2배 이상을 규정하고 있다. 너무 작은 덕트는 그라우팅 시 막힐 수 있으며, 긴장 시 과도한 마찰과 콘크리트에 과도한 응력을 발생시킬 수 있다. 그리고 PS 긴장재의 삽입 시에도 문제를 발생시킬 수 있다. 덕트와 긴장재의 비가 시스템 공급자의 제안값이나 일반적인 범위에서 벗어나야 한다면, 적합한 그라우팅이 가능하다는 것을 시험에 의해 입증해야 한다. 덕트에 긴장재가 채워지는 비율은 그라우팅 속도에도 영향을 주게 된다.

외부 비부착 포스트텐셔닝에 사용되는 덕트의 외경은 일반적으로 내부 부착식과 같은데 이는 덕트의 채움상태에 대한 요구조건이 동일하기 때문이다.

강봉에 사용하는 덕트의 직경은 시스템 공급자가 규정한다. 긴장재/덕트 면적비는 강연선보다는 좀 더 큰데, 이는 강봉이 일반적으로 매우 짧고 직선이기 때문이다. 그러나 이러한 특징 때문에 더욱 주의를 기울여야 한다. 미국 FHWA(2004)의 지침과 국내 콘크리트표준시방서에서는 강봉의 최대 외경보다 최소 6mm 이상 큰 내부 순직경을 규정하고 있다.

4.3.4 덕트 연결재 및 커플러

1) 정착구와 덕트의 연결

덕트는 콘크리트 타설 시나 진동다짐, 양생 시에 느슨해지지 않도록 견고하고 단단하게 정착구에 연결되어야 한다. 연결부는 시멘트 슬러리나 물이 유입되지 않도록 접착테이프로 감싸거나 열수축 슬리브로 밀봉되어야 한다. 또한 덕트는 정착구의 축과 잘 정렬되어야 하며 꺾임이 있으면 안 되고 조립 시 수밀성을 갖고 있어야 한다.

2) 덕트 커플러(coupler)와 슬리브(sleeve)

덕트 커플러나 슬리브는 덕트 자체와 같은 재질과 형상을 갖고 있어야 한다. 덕트 커플러나 슬리브는 덕트 위에 적절히 끼워지도록 덕트 직경의 3배 길이를 가져야 하며 최소 150mm 이상이어야 한다. 연결부는 두 겹의 접착테이프로 감싸거나 용접, 열수축 슬리브 등을 이용하여 적합하게 밀봉되어야 한다. 덕트의 적합한 정렬은 덕트 연결부에서도 유지되어야 하며 꺾임이 없어야 한다. 연결부에서는 부드러운 프로파일로 연결을 확보할 수 있도록 매우 특별한 주의가 필요하다.

(a) 부착식 내부 프리스트레싱에서 강재 주름 덕트를 사용하는 경우에는 유사한 주름형태로 덕트에 돌려 끼울 수 있는 슬리브를 연결재로 사용한다.

(b) 부착식 내부 프리스트레싱에서 플라스틱 덕트를 사용하는 경우 연결 슬리브는 클램프 형태나 용융용접 시스템이어야 한다. 적합하게 밀봉할 수 있는 O링을 갖추고 있는 돌려 끼우는 주름 연결 슬리브나 맞대기 용접도 사용 가능하다.

(c) 비부착 외부 프리스트레싱에서 주름 없는 플라스틱 파이프의 경우 덕트 연결재는 큰 치수의 슬리브, 맞대기 용접, 또는 클램프 형태의 연결 시스템을 사용한다.

4.3.5 덕트의 보호

덕트는 운송이나 저장, 취급 중에 보호되어야 한다. 특히 금속 덕트에는 임시 부식방지대책을 제공해야 하며, 운송과 저장 중에 주변 환경의 영향으로부터 보호해야 한다. 필요하다면 강재 덕트는 아연도금이나 수용성 기름으로 보호할 수 있다. 덕트의 단부 부근에 플라스틱 캡이나 적합한 방법으로 물이나 파편의 유입을 방지할 수 있다.

다른 강종 사이에 발생할 수 있는 아연반응과 사용하는 기름의 종류에 주의를 기울여야 한다. 그러나 냉간가공 소선을 사용하는 강연선에서 아연도금 덕트가 부식 위험성을 증가시킨다는 증거는 없다.

일반 환경에서 콘크리트 내부에 배치된 덕트를 부식으로부터 보호해야 할 필요는 없다. 그러나 긴장재의 설치나 긴장 이전에 덕트가 빈 상태로 상당한 시간 동안 방치되어야 하는 경우에는 덕트를 보호하는 것이 좋다. 이런 경우에는 설치 이전에 덕트 내부를 기름으로 코팅하는 것으로도 충분하다.

덕트를 물로 세척하는 것은 추천되지 않은 방법이다. 강연선이나 강선이 설치된 덕트 내부에, 특히 주름 덕트에는 잔류수가 남을 가능성이 크고 그라우트의 성능에도 좋지 않기 때문이다. 그러나 강봉 시스템에서는 강봉과 덕트 사이의 좁은 틈을 물로 세척하는 것을 시스템 공급자가 추천하기도 한다. 그렇지만 이런 경우에도 주의가 필요하다.

일반적으로 그라우팅은 긴장재의 인장이 종료된 후 가능한 빨리 수행되어야 한다. 만약 PS 긴장재(인장 이후나 인장 이전)가 덕트 내에 긴 시간 동안 존치되어야 하는 경우에는 임시적인 부식방지대책이 고려되어야 한다. 그리스가 주입된 개별 쉬스 강연선은 추가적인 보호가 필요하지는 않다. 또한 그라우팅은 추운 날씨에서는 연기될 수도 있다(4.6.2절 참조).

일반 강연선으로 된 긴장재의 설치, 인장 그리고 그라우팅 사이의 최대 시간에 대한 지침은 일반적으로 국제적인 시방과 공사시방에 규정되어 있다. 다음과 같은 문헌을 참고하면 된다.

(a) ISO 22966

(b) AASHTO Standard specification for highway bridges

(c) UK Specification

(d) BS EN 13670 “Execution of concrete structures”: 물이나 과도한 습도가 PS 긴장재에 침투하는 것을 방지하기 위해서 다음과 같은 시공기간을 따를 것을 추천한다.

- 긴장재 설치와 그라우팅 사이에 최대 12주
- 콘크리트 타설 이전 거푸집 내부에서 최대 4주

– 영구적 또는 임시적인 부식방지대책이 적용되기 이전 인장된 상태에서 약 2주

국내 콘크리트표준시방서(2009)와 도로교표준시방서(2013)에서 그라우팅은 프리스트레싱이 끝난 후 8시간이 경과한 다음 가능한 빨리 실시해야 하며, 어떠한 경우라도 프리스트레싱이 끝난 후 7일 이내에 실시해야 한다고 규정하고 있다. 다만 도로교표준시방서에서는 습도가 높지 않은 경우 더 많은 기간을 허용하고 있다.

만약 극한 상황에서 위에 언급된 최대 기간 이상으로 그라우팅이 연기되어야 한다면 PS 긴장재는 다음 중 한 개의 부식방지대책으로 임시 보호되어야 한다.

(a) 물로 씻어낼 필요가 없는 형식의 수용성 기름으로 코팅된 강연선을 사용한다. 이 방법이 최선의 방법이다. 이 경우에는 감소된 부착성능에 대해 설계자가 검토해야 한다. 부착성능에 미치는 영향을 최소화한 제품이 있다는 것을 고려해야 한다.

(b) 덕트 내부로 건조한 공기를 불어 넣는다. 이 방법은 아주 상당한 크기의 건조기, 환기장치 그리고 상당히 지속적인 전원공급이 필요하다.

(c) 어떤 경우이든 물이나 습기가 덕트로 유입되는 것을 방지하기 위해 정착구, 벤트, 배수구에 대한 모든 접근점을 적절한 방식으로 밀봉해야 한다.

나사식 강봉 시스템을 위해서는 비수용성 왁스 코팅이 사용된다. 나사가 없는 강봉 시스템에는 부착을 증대시키기 위해 물로 씻어내릴 수 있는 수용성 오일이 사용된다. 만약 예상치 못했던 지연이 발생한 경우에는 다음과 같은 임시 부식방지대책이 사용되나 이 방법을 추천하고 싶지는 않다. 즉, VPI(Vapour Phase Inhibitor) 분말의 사용은 덕트를 따라서 집중되거나 분포량이 상당히 균일하지 않아 정량보다 과도하거나 과소한 양이 도포될 수 있으므로 아주 확실한 대책은 아니며, 어떤 경우에는 국소부식을 증가시킬 수도 있다. 게다가 VPI 분말은 독성을 갖고 있으므로 주의해야 한다.

4.3.6 주입구, 배출구, 벤트

주입구는 그라우트를 덕트로 주입하기 위해 사용하고 배출구는 공기, 물, 그라우트

그리고 블리딩수의 배출을 위해 사용된다. 내경은 일반적으로 최소 19mm 이상이 사용되고 길이는 배출된 그라우트를 양동이에 받을 수 있도록 충분히 길어야 한다. 그러나 작은 긴장재에는 작은 직경의 벤트도 사용이 가능하다. 강봉에는 작은 직경의 주입구로도 충분하다.

주입구와 배출구의 위치는 그라우트의 흐름 방향, 긴장재의 길이, 덕트, 정착구 그리고 커플러의 기울기와 그라우트의 허용압력과 관련이 있다. 어떤 경우에는 그라우팅과 재그라우팅이 가능하도록 그 역할이 뒤바뀔 때도 있다.

주입구와 배출구는 다음 위치에 배치된다.

(a) 긴장재의 정착구(그림 4.3(a), 4.3(c))

(b) 고점과 저점의 수직거리가 0.5m 이상 되는 덕트의 최고점(그림 4.3(e), 4.3(f))

(c) 특별한 경우에 작은 곡률반경을 갖는 긴장재(즉 고리형)의 최저점(그림 4.3(b))

(d) 커플러나 정착구의 트럼펫과 같이 덕트의 단면적이 변하는 주된 변화점(그림 4.3(a), 4.3(c), 4.3(d))

(e) 공사시방이 정하는 일정 간격(이것은 30~75m 정도의 범위를 가지며 긴장재의 형태, 그라우팅, 장비 등에 따라 변화한다.)

덕트 고점의 하향 방향에 추가 배출구를 설치하면 그라우트의 공극을 없애는 데 도움을 준다. 주입구와 배출구의 위치는 적용될 그라우팅 절차에 근거해서 설치자가 시공도면에 상세히 도면화해야 한다. 그라우트의 주입구과 배출구의 상세는 긴장재 배치의 방향이나 단면이 크게 변화하는 모든 위치에서 특별한 주의를 기울여야 한다. 매우 높은 수직덕트에서 그라우팅 압력이 과도해질 경우에는 단계별 그라우팅이 필요하며 추가적인 주입구가 필요하게 된다.

긴 긴장재에서는 연속적인 주입구를 통해서 순차적으로 그라우팅을 할 수 있는 상세가 준비되어야 하는데 이런 경우에는 배출구가 중간 주입구가 되어야 한다. 긴장재 배치의 높이 차이가 모든 구간에서 약 0.5m 이하인 짧고 낮은 긴장재의 경우에는 일반적으로 중간에 벤트가 필요하지 않다.

위에 언급한 모든 경우에 해당되는 일반적인 규정은 주입구에서 10bar를 넘지 않도록 주입구와 배출구의 간격을 조정하는 것이다.

외부 긴장재의 고점에는 벤트의 배치가 각 변화 파이프나 격벽 때문에 가끔 어렵거나 아예 불가능한 경우도 있다. 이런 경우에는 벤트 파이프가 각 변화 파이프의 외측 양방향으로 배치되어야 한다. 공기가 갇힐 위험성이 가장 크므로 고점을 지나 내려가는 덕트의 단면이 중요하며 그라우팅 작업과 검사에도 특별한 주의가 필요하다. 약 1~2m 하향 흐름에는 앞에 설명한 추가적인 벤트가 필요하다. 일부 절차에서는 각 변화 파이프의 양측에 배치된 벤트 파이프를 사용하여 Post-grouting을 실시하며, 한쪽에서 주입하고 반대쪽으로는 공기가 배출되어야 한다. 대안으로는 진공 보조 그라우팅을 사용하여 공기가 갇힐 위험성을 최소화할 수 있다.

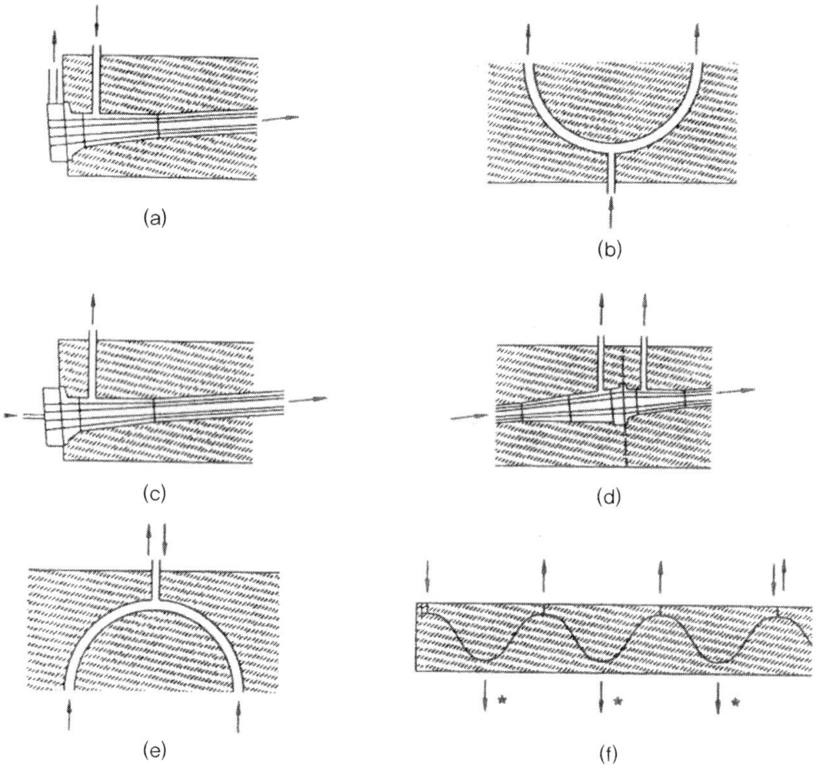

그림 4.3 **주입구와 배출구의 위치**(FIB, 2002)

저점 배수구는 동절기 시 설치와 같이 특별한 적용에 필요할 수 있다. 이런 경우에는 얼음에 의해 덕트가 막힐 수 있으므로 주의가 필요하다. 모든 주입구와 배출구는 밸브나 다른 수단으로 단단히 닫혀져야 한다. 벤트를 닫는 방법에는 여러 가지 선택이 가능하며 적합한 방법은 다음과 같다.

(a) 마개

(b) 여러 가지 형식의 비틀어 막는 뚜껑

(c) 밸브

벤트를 꺾고 철사로 묶어주는 방식이 주로 사용되나 벤트를 밀봉하는 데는 신뢰성이 떨어지므로 완벽한 방법은 아니다. 환경적인 이유와 구조물의 얼룩을 방지하기 위해서 모든 벤트에서 배출되는 그라우팅을 담아야 한다.

정착구에 있는 주입구와 배출구는 다양한 그라우팅 작업 동안 여러 가지로 조합되어 사용된다. 정착구의 형식에 따라 주입구와 배출구는 주입 또는 배출 밸브를 사용해서 앵커 헤드나 앵커 플레이트, 트럼펫을 관통하거나 그라우트 캡을 통과하도록 만들어진다.

긴장재의 끝단은 밀봉되어야 하고 그라우트 주입구와 차단용 밸브가 설치되어야 한다. 끝단 밀봉방법은 주입구 및 벤트가 있는 재사용 그라우트 캡을 사용하거나 그라우팅 후 제거하지 않은 일회용 플라스틱 캡을 사용하는데, 전자보다는 후자가 선호된다. 현장여건과 단부 정착구 상세에 따라 정착판을 통과하는 그라우트 튜브를 설치하고 블록아웃부에 콘크리트 타설하거나 트럼펫을 통과하는 그라우팅 튜브를 설치하고 속경 모르타르를 타설하는 방법도 사용되어 왔다. 긴장재 끝단 밀봉을 위해 블록아웃부에 속경 모르타르나 콘크리트를 사용하게 되면, 비록 작은 양이지만 그라우트 튜브와 정착구 사이에서 공기가 빠져나가지 못하고 갇히게 될 수 있다. 게다가 이 방법은 정착구에 그라우트가 확실히 다 채워졌는지 검사할 수가 없으므로 그라우트 전에 실시하는 것은 추천되지 않는다.

위의 여러 가지 방법은 그림 4.4에 도시되어 있다. 어떤 경우에는 방수용 멤브레인의 적용이 필요할 수도 있다.

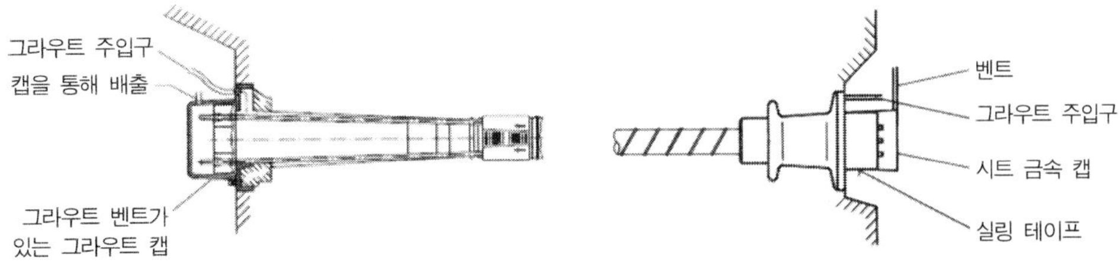

(a) 영구 그라우트 캡 (b) 임시 그라우트 캡

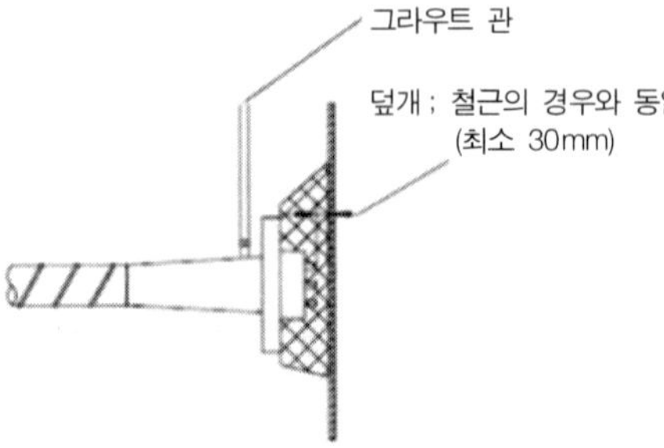

(c) 콘크리트 채움 형식(그라우트 이후에 허용)

그림 4.4 **여러 형식의 긴장재 단부 밀봉방법(VSL, 2011)**

외부 긴장재에서 부식을 방지하기 위해 그라우팅을 사용하는 경우, 정착구는 일반적으로 그라우트 주입 시 사용할 벤트와 주입구가 있는 영구적인 정착구 캡을 주로 사용한다.

외부 포스트텐션 덕트에서 가끔은 주입구와 배출구가 고점에 직접 설치되지 않는 경우가 있는데, 이것은 각 변화 파이프가 고정되었거나 콘크리트 슬래브 하면에 덕트가 너무 가깝기 때문이다. 이러한 경우에 주입구와 배출구 중 한 개의 벤트는 각 변화부에 가깝게 배치해야 하고, 그림 4.5와 같이 벤트는 가능한 덕트의 최고점에서 덕트와 연결되어야 한다.

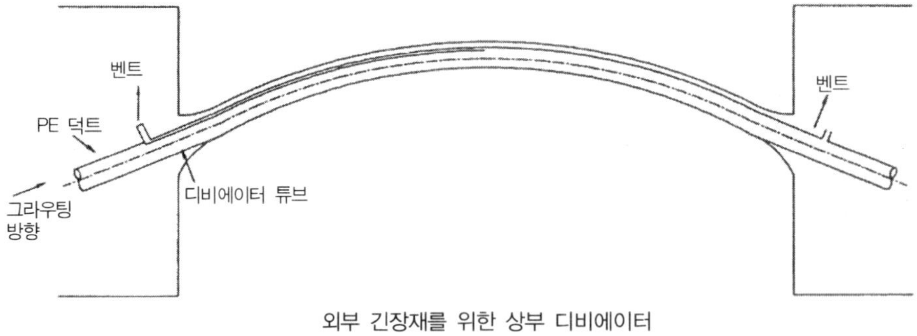

외부 긴장재를 위한 상부 디비에이터

그림 4.5 **외부 긴장재의 상부 각 변화부의 그라우팅(FIB, 2002)**

4.3.7 덕트 설치

1) 덕트의 지지

덕트의 부력에 저항하고 이로 인해 덕트가 정렬되지 못하는 것을 방지하기 위해 덕트는 최소한 덕트 지지 간격과 동일한 일정 간격으로 철근망 내부에 확실히 고정되어야 하며, 완만한 프로파일의 연속성을 확보하기 위해 덕트 지지 설계에 특별한 주의를 기울여야 한다. 플라스틱 덕트는 작은 곡률반경을 갖는 고점과 같은 주요 지점에서 덕트의 절반을 잘라 받치는 방법을 사용해도 좋다.

또한 현장타설 세그먼트 공법과 같은 특수한 적용 사례에서는 세그먼트 연결부를 통과하는 덕트의 보강을 위해 신축이 가능한 플라스틱 파이프나 몇 가닥의 강연선을 사용할 수 있다. 이러한 보강 또는 부력감소 요소는 콘크리트 경화 후에 제거된다.

외부 긴장재에서는 주입과 경화 시 굳지 않은 그라우트의 무게를 지탱하기 위해 덕트 지지에 특별한 주의를 기울일 필요가 있다.

2) 콘크리트 타설 후 덕트 내부검사

강연선이 콘크리트 타설 이후에 삽입된다면 삽입 전에 덕트 내부의 상태를 확인해야 한다. 긴장재 그라우팅 작업을 시작하기 전에 덕트가 물의 유입을 방지할 수 있도록 밀봉되어야 하며, 전문업체의 시공절차서나 공사시방서에 따라 덕트 내부에 그라우팅 작업을 방해하거나 그라우트에 나쁜 영향을 줄 수 있는 파편이나 물, 막힌 부분이 없는지 확인해야 한다. 긴장재 덕트에 건조한 공기를 불어넣어 확인하는 방법이 있고, 물로 씻어내는 확인법은 일반적으로 금지되어 있다. 더 확실한 방법은 덕트의 내경보다 조금 작은 직경의 보정 게이지를 덕트에 통과시키는 것으로, 덕트 보정 게이지는 만약 덕트가 막힌 경우에 다시 끌어내기 위해서 줄에 매달아 사용한다.

3) 프리캐스트 세그먼트 공법

프리캐스트 세그먼트 공사의 연결부에서는 사전주의가 필요한데, 특히 덕트와 덕트 사이와 같은 연결부에서의 누출을 방지해야 한다.

덕트 사이에 충분한 콘크리트가 타설되어 그라우트 작업 중에 덕트가 서로 연결되지 않도록 하고 프리캐스트 부재와 관련된 규정을 만족하기 위해 덕트의 간격은 설계자에 의해 상세 설계되어야 한다.

프리캐스트 세그먼트 공법의 연결부에 적용하는 일반적인 규정은 내부 그라우트 긴장재가 사용되는 경우에 에폭시 레진(epoxy resin)으로 처리하는 것이다. 에폭시 레진은 연결부를 밀봉하고 세그먼트 바깥으로 그라우트가 유출되는 것을 방지한다. 그러나 세그먼트가 연결되고 긴장되는 동안 에폭시가 의도와는 달리 눌리면서 인근 덕트로 들어가게 되어 덕트를 막을 수 있다. 이런 문제를 방지하기 위해서 탄성 폼 실링을 세그먼트 연결부의 덕트 주위에 적용하거나 과도하게 많이 발린 에폭시를 굳기 전에 플라스틱이나 고무주걱으로 긁어내는 방법을 고려할 수 있다. 결론적으로 덕트의 연속성이 가장 중요하며, 시스템 공급업자들은 이러한 부분을 개선하기 위해 노력하고 있다.

4.4 시험

4.4.1 시험체제

시험의 목적은 내부 긴장재의 경우에 PS 긴장재와 콘크리트 구조물의 부착과 완벽한 보호를 위해서 그라우트의 적합성을 확인하는 것이다. ISO 14824에서 규정된 시험의 체계는 시험실이나 현장조건에서 수행하는 초기 입증 시험, 일반적으로 현장에서 수행하는 적합 시험, 현장에서 수행하는 승인 시험으로 구성된다.

4.4.2 초기 입증 시험

경험적으로 실제 크기의 그라우트 시험 시공이 그라우트의 적합성을 입증하는 데 가장 효과적인 것으로 알려져 있다. 어떤 현장에서는 현장 시방에 맞는 시험을 계획할 수도 있지만, 같은 시멘트 특성을 갖는 동일한 그라우트 배합에 대해서는 최근에 수행된 기존 시험결과를 사용할 수 있다.

초기 입증 시험(initial type test)은 현장에 적용되기 전에 그라우트의 성능을 입증하는 시험이다. 이것은 각 그라우트 배합설계마다 수행하며, 그라우트의 성능에 큰 영향을 미치는 재료가 변경된 경우, 그리고 초기 입증 시험이 수행되지 않은 온도범위에서 그라우트가 필요한 경우에 수행한다.

4.4.3 적합 시험

적합 시험(suitability test)은 그라우팅 작업 이전에 각 현장에 대한 적합성을 평가하는 시험으로, 실제 사용할 재료, 장비, 작업자를 투입하는 것이 중요하며, 이에 대한 변경이 있는 경우에 수행한다.

4.4.4 점검 시험

그라우팅 작업을 수행하는 동안 정기적으로 초기 승인 시험의 결과를 확인하는 점검 시험이 수행된다. 점검 시험(audit test)은 기준온도에서 수행되며, 그라우트가 현장의 요구조건을 준수하고 있는지 그리고 품질의 균일성을 확보하고 있는지를 확인하는 시험이다. 동일한 그라우트에 대해서 현장에서 수행하는 적합성 시험은 점검 시험의 일부로 고려할 수 있다.

4.4.5 시험의 빈도 및 시험 방법

시험의 빈도 및 상세 시험 방법은 ISO 14824에서 규정하고 있으나, 아직 제정이 완료되지 않은 상태이다. 또한 4.2절에서 서술하였듯이 국내 KS 규격에는 여러 규정이 혼재하고 있으므로 그 내용을 이 매뉴얼에 전부 기술하기는 어려운 상황이다. ISO 14824가 제정된다면 KS ISO로 국내에 적용이 되고 기존의 국내 시험규정은 정리가 불가피할 것이다. 이에 이 매뉴얼에서는 시험 방법에 대한 상세한 언급은 생략하고자 한다. 국내 건설자재표준화연구단에서는 ISO의 일부 시험법을 건설자재 표준규격으로 받아들여 제정하였다. 그리고 본문에 언급한 시험 방법은 ISO 14824 draft 2011을 참고해야 한다.

4.5 그라우팅 장비

4.5.1 개요

잘 설계되고 입증된 그라우트 배합은 좋은 기능을 갖춘 그라우트 장비가 있어야 그 설계된 성능을 발휘할 수 있으며(그림 4.6 참조), 그 성능을 제대로 발휘해야 PS 긴장재를 부식으로부터 보호하고 콘크리트 구조물과의 충분한 부착을 제공해서 장기적으로 구조물의 내구성을 향상시킬 수 있다.

그라우트 장비에는 혼합조와 교반조, 연속적으로 그라우트를 압출하는 펌프, 계량기가 달려있는 수조, 호스, 벨트, 압력계 등의 부속품이 있으며, 그라우트의 품질을 시험하기 위해 규정된 시험장비도 여기에 포함된다.

그라우트 장비는 중단 없이 일정한 속도로 덕트를 채울 수 있어야 한다. 그러기 위해서는 필요하다면 저장조를 갖추고 있어야 하며, 저장조에는 그라우트가 덕트에 주입되기 전까지는 지속적으로 이동할 수 있도록 교반기를 장착하고 있어야 한다.

최상의 그라우트 품질을 확보하기 위해서는 현장의 온도조건, 긴장재 단위, 길이 및 프로파일을 고려한 정기적인 유지관리와 청소작업이 수행되어야 한다.

4.5.2 믹서

믹서는 시멘트와 혼화제, 물을 균질하게 분산시켜 그라우트를 생산할 수 있어야 한다. 생산된 그라우트는 ISO 14824에 규정된 체시험에 걸리는 시멘트 입자가 있어서는 안 된다. 생산된 그라우트는 ISO 14824에 부합되어야 한다.

그림 4.6 **트윈 드럼 그라우트 믹서(VSL, 2011)**

4.5.3 펌프

펌프는 그라우트의 연속적인 주입이 가능해야 하며

그라우트에 필요한 압력을 유지할 수 있어야 한다. 그라우팅 속도는 그라우트 점성, 덕트면적, 긴장재 프로파일 등에 따라 달라지지만, 일반적으로 10~12m/min 이하를 추천한다. 그라우트 작업 중 과도한 압력을 방지하기 위해서 압력계가 장착되어야 하며, 펌프는 공기, 기름 또는 다른 물질의 유입을 방지할 수 있는 구조로 되어 있어야 한다.

4.5.4 호스

그라우트 호스의 직경과 내압 등급은 펌프의 압출용량, 최대 압력과 길이에 적합해야 한다. 호스의 내경은 최소 19mm 이상이어야 하며 25mm를 추천하고 있다. 주요 그라우트 작업에는 예비 밸브와 커플러가 준비되어 있어야 하며, 매 그라우팅 작업 후에는 청소작업이 수행되어야 한다. 매 청소작업 후에는 각 부속의 적절한 유지관리가 이루어져야 한다.

4.6 그라우팅 절차

4.6.1 비비기

믹서에 투입하는 일반적인 순서는 물, 시멘트, 혼화제이나 제품 생산자에 따라 달라질 수 있으므로 생산자의 사용설명을 확인해야 한다. 최적의 비율과 비비기 시간은 작업 이전에 확인된 적합 시험을 통해서 결정하고 혼화제의 양은 초기 입증 시험에서 결정된 비율을 첨가한다.

4.6.2 그라우팅 시 온도

최고 및 최저기온과 그라우팅되는 긴장재와 인접한 구조물의 온도가 기록되어야 한다. 긴장재와 인접한 구조물의 온도가 5℃ 이하이거나 그라우트 작업 이후 48시간 내에 5℃ 이하가 될 것으로 예상되는 경우, 그리고 생산자가 ISO 14824에 따라 규정한 최저온도 이하로 내려간다면 그라우팅을 실시해서는 안 된다. 긴장재와 인접한 구조물을 가열하여 최소 48시간 동안 그라우트의 온도를 5℃ 이상으로 유지하든지 생산자가 지정한 최저온도보다 2℃ 이상 높게 유지한다면 그라우팅이 가능하다.

서리, 눈 또는 얼음이 있는 자재는 사용할 수 없으며 덕트와 장비도 서리가 내리거나 얼음이 있어서는 안 된다.

그라우트의 온도나 긴장재와 인접한 구조물의 온도가 그라우팅 후 48시간 동안 35℃ 이상이거나 ISO 14824에 따라 생산자가 확인한 최고온도를 넘는 경우에도 그라우트를 할 수 없다.

4.6.3 현장 준비작업

실제 그라우팅 작업이 시작되기 전에 현장에서는 다음과 같은 준비작업이 수행되어야 한다.

(a) 모든 작업자가 적합한 교육을 받았는지 확인한다.

(b) 현장에 제안된 모든 작업과 위험관리를 포함하는 승인받은 그라우트 작업 절차서, 장비관리 매뉴얼 등이 있는지 확인한다.

(c) 그라우트 장비를 최대한 주입구에 가깝게 배치하여 긴 호스로 인한 압력손실을 피한다.

(d) 필요하다면, 물로 세척할 수 있는 추가 펌프, 덕트에 송풍을 할 수 있는 공기압축기 등 모든 필요한 장비가 사용 가능한지 확인한다.

(e) 모든 장비가 작동 매뉴얼에 따라 올바로 작동하는지 확인한다. 믹서 표면에 굳은 시멘트가 있는 경우에는 이것이 떨어져서 덕트를 막을 수 있으므로 굳은 시멘트로 덮여 있지 않아야 한다. 시멘트는 물로 확실히 청소해야 한다. 펌프의 밸브와 실링의 수밀성을 확인하고 호스의 커플러도 확인한다.

(f) 시멘트와 혼화제가 요구되는 품질을 확보하고 있는지, 충분한 물량이 그라우트 장비 가까운 장소에 준비되어 있는지 확인한다. 자재는 비 또는 믹서에서 튀는 물 등의 수분으로부터 보호되어야 하며 깨끗한 물의 공급이 가능한지 확인한다.

(g) 적합성 시험이 완료되지 않았다면 규정에 따라 시험을 실시한다.
(h) 긴장재 그라우팅 순서를 계획하고 그라우팅 보고서를 준비한다.
(i) 기술자의 검토를 확인받는다.

4.6.4 긴장재 그라우트 작업

그라우트 작업은 일반 주입방법으로 완료되는 경우가 많지만, 가끔은 Post-grouting, 진공 보조 그라우트, 고압 그라우트와 같은 변화를 주거나 대안이 사용될 수 있다.

긴장재 그라우팅은 반드시 초기 입증 시험과 적합 시험을 거친 시공 절차서에 따라 작업을 실시해야 한다. 일반적인 절차는 다음과 같다.

(a) 모든 벤트가 시공 상세도에 따라 제대로 설치되었는지 그리고 주변에 방해물은 없는지 확인해야 하며, 그라우팅 보고서를 위해서 긴장재와 벤트 번호가 벤트 위치에 표기되어야 한다.
(b) 그라우트 주입 직전에 압축공기로 덕트 내부의 물과 파편을 불어내어 막힌 곳이 없는지 확인한다. 그러나 이 작업은 강봉이나 작은 긴장재에는 생략할 수 있다.
(c) 장비 매뉴얼에 따라 믹서와 펌프를 가동한다. 절차서에 따라서 비비기를 시작하며 순서에 따라 물, 시멘트, 혼화제를 투입한다.
(d) 펌프와 노즐에서 그라우트의 균질성을 확인한다. 노즐을 최저점의 그라우트 연결구에 연결하고 펌프에 있는 밸브를 연다. 주입구에서 준비된 그라우트 배합이 긴장재 덕트로 주입된다. 그라우팅은 항상 한 방향으로 진행되어야 한다.
(e) 그라우트가 첫 번째 벤트에서 흘러나올 때까지 비비기와 그라우팅 작업을 계속한다. 그라우트의 균질성이 이전에 펌프에서 측정한 값과 유사해지면 벤트를 밀봉한다.
(f) 절차서에 따라 긴장재의 끝까지 순서대로 모든 벤트를 밀봉한다. 적합한 균질성을 갖는 그라우트가 마지막 벤트에서 흘러나오면 벤트를 밀봉하고 압력을 1분 동안 유지한다. 이 시간 동안 압력이 떨어지면 어딘가의 누출을 의미하므로 반드시 조사해야 한다.

(g) 그라우팅 압력이 약 10bar에 이르게 되면 그라우트 호스의 노즐을 주입구로부터 분리해야 하며, 적합한 균질성을 갖는 그라우트가 배출된 마지막 벤트에 노즐을 연결해 그 노즐에서부터 다시 그라우팅 작업을 계속해야 한다.

(h) 긴장재 커플러, 수직 긴장재, 수평이나 외부 긴장재와 같은 특별한 경우에는 특별한 주의를 기울여야 한다. 시스템 상세에 따라 추가적인 벤트 또는 주입구가 배치되어야 하며, 다른 방법으로 그라우트를 추가 주입하기도 한다.

4.6.5 그라우팅 후 주의사항

그라우팅 작업이 종료된 후 모든 주입구와 배출구, 정착구의 커버를 확인하고 채움 상태를 확인한다. 만약 주입구와 배출구, 정착구의 커버가 채워지지 않았을 경우에는 새로 비벼진 그라우트로 채워야 한다.

긴장재로 물이나 유해한 물질이 유입되는 것을 방지하기 위해 모든 그라우트 주입구와 배출구는 적합하게 밀봉하고 정착구, 주입구, 배출구는 전문업체의 작업절차서나 공사시방서에 따라 영구적인 보호 방법으로 보호되어야 한다.

현장에 설치되어 남아 있는 정착구, 벤트 및 다른 금속제품은 공사시방에 따라 부식방지공을 실시해야 한다.

4.6.6 안전

그라우팅 작업이 준비되거나 수행 시에는 각국의 안전규정을 준수하는데, 최소한 다음과 같은 사항에 주의해야 한다.

(a) 펌프, 그라우트 연결부, 배출구에서는 보안경 또는 보호대를 착용한다. 그라우트가 눈에 들어갔을 경우 즉각적인 실명을 가져올 수 있으므로 즉시 깨끗한 물로 행구고 의사의 진찰을 받아야 한다.

(b) 코와 입은 그라우트 믹서에서 작업할 때 먼지로부터 보호되어야 한다.

(c) 그라우팅 작업 시에는 고무장갑을 착용해야 한다.

(d) 이 외에도 현장안전규정에 따라야 한다.

제 5 장

맺음말

이 실무매뉴얼에서는 기존의 국내 설계기준, 시방서 및 관련 지침에 충분히 제시되어 있지는 않으나 프리스트레싱 관련 실무자들이 필요로 하는 내용들을 수록하고자 하였다. 주요 내용은 PS 긴장재의 종류 및 규격, 포스트텐셔닝 긴장공법, 긴장장비의 검교정, 국내외 기준상의 긴장관리방법, 기존 긴장관리방법의 개선사항, 마찰계수값의 적정 수준, 그라우팅 재료, 시험 방법, 장비 및 시공, 덕트의 제원 및 종류, 재료적 품질기준, 배치, 보호 및 설치방법 등이다. 국내에서 주로 사용되고 있는 포스트텐셔닝 시스템과 관련된 사항들로 주요내용을 구성하였다.

그러나 한 권의 시공 매뉴얼에서 프리스트레싱과 관련된 내용을 전반적으로 다루기에는 어려움이 있다. 이 실무매뉴얼에서 다루고자 사전에 논의는 되었으나 내용이 너무 방대하여, 또는 시공 매뉴얼에서 다루기에는 충분히 정립되지 않은 내용이어서 적절치 않아 제외된 사항들도 다수 있다. 예를 들어, 이 실무매뉴얼에서 다룬 국내 덕트의 재료적 품질기준 외에 국내 기준에는 없는 덕트의 역학적 품질기준에 대해서는 EN 523 및 524 등을 참조할 수 있지만, 국내에서 사용하고 있는 덕트의 특성을 올바로 반영하고 있지 못하므로 직접적으로 적용하기에는 어려움이 있으며 더 많은 연구가 필요한 실정이어서 다루지 못하였다. 국내 건설자재표준화연구단에서 이와 관련된 연구를 수행하였으나 국내 관련 기준 제정으로까지는 진행되지 못하였다. 역시 국내 기준에는 없는 긴장재의 시험과 관련해서 ETAG(European Organisation for Technical

Approvals)에서 발간한 『ETAG 013 : Guideline for European technical approval of post-tensioning kits for prestressing of structures』 등 유용한 참고자료들이 있으나 그 내용을 실무매뉴얼에 옮기기에는 내용이 매우 방대하다. 한편 긴장재의 부식이나 유지관리, 비부착 긴장재의 설계 및 시공도 논의가 되었으나 역시 내용상의 방대함으로 인해 이 실무매뉴얼에서 다루지는 못하였다. 참고로 이 실무매뉴얼과 함께 건축 포스트텐션 시스템에 관한 실무매뉴얼도 별도로 발간되며 건축 구조물에 좀 더 특화된 포스트텐션 시스템의 설계, 시공, 재료, 유지관리 등의 내용이 다루어지므로 이 실무매뉴얼과는 상호 보완적인 역할을 할 것으로 기대된다.

프리스트레싱에 대한 기술은 비단 설계기준 또는 시방기준에 제시되어 정립된 것 이외에도 VSL, Dywidag, Freyssinet 등 프리스트레싱을 전문으로 하는 업체별로 축적된 경험적인 기술도 실무에서 중요한 역할을 하고 있는 것이 사실이다. 이 실무매뉴얼의 작성의도 중 하나는 그러한 각 업체의 고유 기술들 중 유용한 사항들을 프리스트레싱 관련 실무자들과 공유하고자 하는 것이다. 한국콘크리트학회 산하의 "KCI 105 : 프리스트레스트콘크리트위원회"는 그러한 프리스트레싱 전문업체들의 전문가들을 비롯하여 산학연의 다양한 전문가들이 모여 국내의 프리스트레싱 관련 기술을 개선하고 유용한 사항들을 실무자들과 공유하고자 노력하고 있다. 이 실무매뉴얼도 그러한 노력의 일환으로 발간되었으며 추후에라도 계속적인 연구 및 협의를 통해 추가 실무매뉴얼 발간, 기술용역 수행, 연구 보고서, 논문 및 기술자료 발간 등의 형태로 관련 업계의 발전에 기여코자 한다.

참/고/문/헌

1) 국토해양부, "도로공사표준시방서", 2009.

2) 문제길 · 이재형, "PS 콘크리트 구조물에서 마찰손실을 고려한 긴장력 결정에 관한 연구", 대한토목학회논문집, 대한토목학회, 제17권, 제I-1호, 1997, pp.89-99.

3) 박영하 · 강형택, "PS 강재의 인장관리를 위한 마찰평가법 적용 기준", 대한토목학회 정기 학술대회 논문집, 대한토목학회, 2003, pp.594-599.

4) 박영하 · 길흥배, "마찰관리에 의한 PS강재 인장력 산정법의 오차 분석", 대한토목학회 정기 학술대회 논문집, 대한토목학회, 2004, pp.106-111.

5) 일본도로협회, "콘크리트 도로교 시공편람", 1998.

6) 전세진 · 박종칠 · 박인교, · 심별, "실측값에 근거한 마찰계수의 추정", 대한토목학회논문집, 제29권, 제5A호, 2009, pp.487-494.

7) 정배근 · 한경봉 · 박선규, "PS 긴장재의 마찰손실량에 관한 실험적 연구", 대한토목학회논문집, 대한토목학회, 제20권, 제5A호, 2000, pp.797-804.

8) 한국도로공사 도로교통연구원, 브이에스엘코리아(주), "PSC 박스교량 긴장조사 및 양단 긴장력 현장 측정", 2008.

9) 한국도로교통협회, "도로교설계기준", 2010.

10) 한국도로교통협회, "도로교표준시방서", 2013.

11) 한국콘크리트학회, "콘크리트구조기준", 2012.

12) 한국콘크리트학회, "콘크리트표준시방서", 2009.

13) 한국콘크리트학회, "프리스트레싱 긴장재 마찰계수의 산정을 위한 자료조사 및 연구용역", 2007.

14) ACI Committee 318, "ACI 318-08 : Building code requirements for structural concrete", American Concrete Institute(ACI), 2008.

15) ACI Committee 318, "ACI 318-11 : Building code requirements for structural concrete", American Concrete Institute(ACI), 2011.

16) American Association of State Highway and Transportation Officials(AASHTO), "AASHTO LRFD Bridge construction specifications", 3rd Ed., 2010.

17) American Association of State Highway and Transportation Officials(AASHTO), "AASHTO LRFD Bridge design specifications", 5th Ed., 2010.

18) American Association of State Highway and Transportation Officials(AASHTO), "Standard specifications for highway bridges", 17th Ed., 2002.
19) American Society for Testing and materials(ASTM), "A722/A722M-07 : Standard specification for uncoated high-strength steel bars for prestressing concrete", 2007.
20) Bezouska, T. J., "Friction losses in rigid post-tensioning ducts", Division of Highways, California Department of Public Works, 1971.
21) British Standards Institution(BSI), "BS 8110 : Structural use of concrete", 1997.
22) British Standards Institution(BSI), "BS EN 13670 : Execution of concrete structures", 2009.
23) British Standards Institution(BSI), "BS EN 523 : Steel strip sheaths for prestressing tendons-Terminology, requirements, quality control", 2003.
24) British Standards Institution(BSI), "BS EN 524-1~6 : Steel strip sheaths for prestressing tendons-Test methods", 1997.
25) Canadian Standards Association(CSA), "Canadian highway bridge design code", CAN /CSA-S6, 10th Ed., 2006.
26) Euro-International Committee for Concrete, "CEB-FIP model code", 1993.
27) European Committee for Standardization, "Eurocode 2 : Design of concrete structures", 2002.
28) European Organisation for Technical Approvals(EOTA), "ETAG 013 : Guidelines for european technical approval of post-tensioning kits for prestressing of structures", 2002.
29) Federal Highway Administration(FHWA), "Post-tensioning tendon installation and grouting manual", 2004.
30) Freyermuth, C. L., "Rational application of the elongation tolerance for post-tensioning tendons", ACI Structural Journal, Vol. 88, No. 6, 1991, pp.730-737.
31) International Federation for Structural Concrete(FIB), "Corrugated plastic ducts for internal bonded post-tensioning", FIB Bulletin No. 7, 2002.
32) International Federation for Structural Concrete(FIB), "Grouting of tendons in prestressed concrete", 2002.
33) International Organization for Standardization(ISO), "ISO 12439 : Mixing water for concrete", 2010.
34) International Organization for Standardization(ISO), "ISO 22966 : Execution of concrete structures", 2009.

35) International Organization for Standardization(ISO), "ISO 679 : Cement-Test methods-Determination of strength", 2009.

36) International Organization for Standardization/Draft International Standard(ISO/DIS), "ISO/DIS 14824-1~3 : Grout for prestressing tendons", 2011.

37) "KS D 3505 : PC 강봉", 2002.

38) "KS D 3506 : 용융 아연도금 강판 및 강대", 2007.

39) "KS D 7002 : PC 강선 및 PC 강연선", 2011.

40) "KS D 7063 : 아연 도금 강선", 2007.

41) "KS D ISO 14655 : PC용 에폭시 코팅 강연선", 2002.

42) "KS F 2424 : 모르타르 및 콘크리트의 길이변화 시험 방법", 1995.

43) "KS F 2426 : 주입 모르타르의 압축강도 시험법", 2010.

44) "KS F 2432 : 주입모르터의 컨시스턴시 시험 방법", 2004.

45) "KS F 2433 : 주입모르타르의 블리딩률 및 팽창률 시험 방법", 2011.

46) "KS F 2476 : 폴리머 시멘트 모르타르의 시험 방법", 2007.

47) "KS F 2478 : 시멘트 모르타르의 팽창 높이 변화 시험 방법", 2004.

48) "KS F 2562 : 콘크리트용 팽창재", 2004.

49) "KS F 4044 : 수경성 시멘트 무수축 그라우트", 2004.

50) "KS L 5105 : 수경성 시멘트 모르타르의 압축강도 시험 방법", 2007.

51) "KS L 5201 : 포틀랜드 시멘트", 2006.

52) "KS L ISO 679 : 시멘트의 강도 시험 방법", 2006.

53) Post-Tensioning Institute(PTI), "Post-tensioning manual", 6th Ed., 2006.

54) Post-Tensioning Institute(PTI), "PTI Guide specification : Acceptance standards for post tensioning system", 1998.

55) Precast/Prestressed Concrete Institute(PCI), "Precast prestressed concrete bridge design manual", 2003.

56) State of California Department of Transportation Engineering Services, "Prestress manual", 2005.

57) VSL, "Field manual", 2011.

58) 日本建築學會, "プレストレストコソクリート 設計施工規準・同解説", 1999.

59) 日本道路協会, "コンクリート道路橋施工便覧", 2005.

60) 日本道路協会, "道路橋示方書・同解説(共通編・コンクリート橋編巻)", 2002.

61) 日本土木學會, "コンクリート標準示方書(設計編)", 2007.

콘크리트 실무매뉴얼

PS 긴장재의 시공, 긴장관리 및 그라우팅

2013년 4월 10일 1판 1쇄 인쇄
2013년 4월 15일 1판 1쇄 발행

管理主體 사단법인 한국콘크리트학회
서울특별시 강남구 역삼동 635-4
한국과학기술회관 신관 1009호
TEL. 02)568-5984~7
FAX. 02)568-1918

出版普及處 기 문 당
서울시 성동구 무학봉 28길 4-1
(왕십리동 966-22)
TEL. 02)2295-6171(代)~5
FAX. 02)2296-8188

출판등록 1976. 10. 7 (1-44)

홈페이지 http : // 기문당
http : // www.kimoondang.com

I S B N 978-89-6225-491-4 93530

정 가 10,000원